犬の生活大全

大全

犬の生活研究家
ポピー・N・キタイン 著

津田直美 画

中央公論新社

小さい 犬の生活 大全

もくじ

犬の生活

犬の生活研究家
ポピー・N・キタイン 著

津田直美　画

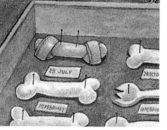

この本は小さな犬による 小さな犬のための本です

私は人間のおかあさんと暮しています。ですから私自身も人間であるとずっと思っていました。 しかしある日散歩中に私は私そっくりな鼻の黒いもむくじゃらな人に会いました。彼はおとなりのポチでした。 私はその時はじめて私たちが人間ではないこと、犬という生き物であることを知ったのです。

私たちはいつも人間と生活をしています。そのため最近の人間の暮らし、特に住宅じじょうといったものによって、だんだん他の犬とあうことが少なくなってきて、ちょうど私のような家の中で暮す小さな犬は、自分がどことなく人間の生活になじめないような気がしながらも、このような大きな間違いに気づかずに、毎日を送ってしまうのです。

あなたも自分は人間だと思っておいででしょうか。

ひょっとして毎日の生活が なんとなく しっくりいかないと感じておいでなら、あなたも私と同じかもしれません。 もし、あなたが鼻が黒くて、ちょっとばかりおかあさんより毛深かったら、ぜひ この本を読んで下さい。

この本は、私の4年の犬生をついやした研究の成果を 私の人間の姉であるところの 絵かきの協力を得てまとめたもので、犬の生活に必要なあらゆることが収められています。

私はこの本が おとなりのポチや鈴木さんちのタローにかわって、あなたの友となり、あなたの生活に大いに役立ってくれることを願います。

犬の生活研究家
ポピー・N・キタイン

も く じ

犬 の きけん

私たちがオオカミだった頃から、生活には きけん がつきものです。日々のきけんから うまく身を守り、生活をより楽しいものに いたしましょう。

◀ **わるいやつの きけん** ▶

● **じっとしている わるいやつ**

A　まる ちくちく　　B　メキシコ ちくちく

このわるいやつら**A**、**B** は、自分 からおそってくることはめったに ありませんが、うっかり近づく と おそろしくするどい針で刺 されます。毒はないようですが とても小さな針なので、ぬける まで しばらく傷が しばしば します。

針による鼻の負傷と 不愉快

● **うごく わるいやつ**

C　いててもぞもぞ　　D　ブンブンブン

E　カユカユ　　　　F　プーン

これもよくあるきけんです。この場合 悪意はないので 大目に見てやる寛容も 必要

小さい 人間 （あかんぼう という種類）

C・D・E・F のような小さな動く わるいやつは あちらこちらにひそんでいます。**C** は主に道ば たの甘いものなどに くっついていることが多く、**D** は 草や花に多くいます。**E** と **F** は しじゅう に 私たちと仲良くしようと寄って来ます。特に 夏、**F** には 十分注意しましょう。小さな虫なので 刺されても ちょっとの間 かゆいだけですが、とても 犬にとって こわい病気をうつします。日々の対 策としては ぐるりに火をつけて、けむりで寄せつけ ないこと、毎月 おくすりをのむことなどが有効です

ぐるり　　　　　おくすり

きけん の おこる ばあい ▷

● かたい道

かたい道には くるまが 沢山いるので きけんです。
くるまにぶつかると きっといたいでしょう。たとえ そのくる
まが知っている人間のものであっても そばによるのは
やめておきましょう。

おじいさんと つりに行くときにも きけん に気をくばり
ましょう。きけんは 意外なところ、たとえば ねりえさ
の中にも ひそんでいます。 楽しい こうらくの ばめんも
あなどってはいけません。

● おじいさんと つりをする

G ねりえさ

ねりえさにひそむ きけん
H つりばり

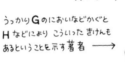

うっかり G のにおいなどかぐと
H などにより こういった きけんも
あるということを示す著者 ⟶

● ことりと なかよくする

かわいい ことりと なかよくする場合も、カゴにあまり鼻
を入れすぎぬようにしましょう。ことりは それほど頭が
良くないので、ぶどうと 勘ちがいをして かじらないとも
かぎりません。

犬 の 食生活

● ふだんのしょくじ

缶ごはん

缶ごはん用フォーク
（人間が使う）

人間は舌で缶の中をなめられないので、このカドで底のソコまで中身を出す。

かりかりごはん

缶ごはんあけ

これがないと缶ごはんは食べられない。

ごはんは 犬の1日に欠かすことのできない大きな楽しみです。　私などは 1日1回、朝ごはんをいただくのを日常としておりますが、もっと大きな体の方などは、1日に2回、3回と食べていらっしゃるかたもおいででしょう。まったくもって、うらやましいかぎりです。　ごはんの回数が体の大きさでちがうとは、何か自然界の大きなしくみを感じますね。　ごはんのおゆんの大きな犬は、それだけ多くのきけ

粉ミルク

犬用　　　　人間用

人間用には人間の赤んぼうの絵がついています。　おかしいですね。

いろいろな味をたのしめるのも おやつならでは

● おやつ

ほね

にかわガム

ジャーキー

ミルクでできたガム

おやつはまた歯にもいいものです。しっかりかみましょう。

クッキー

ごはんのマナー

ごはんをいただくときは、マナーを
まもって いただきましょう。

1 大きな声で さいそくしない

2 きまった時間に きまった場所で
いただく

3 他の犬のごはんを取らない

4 食器や鼻のまわりは きれいになめる

← 大きなおわんのくわえ方

小さなおわんのくわえ方
↓

んな仕事があるからで、 たあいのない人間
を和ませるだけの簡単な仕事しかない 私
たちのような小さな犬には、 小さなおわんが
あてがわれる というわけです。

いずれにしても犬にとって大切なことは 太るほど
食べ過ぎないこと。 ちょっと油断して太ってしまう
と、デリケートな心臓が弱ってしまいます。普段
からのカロリーコントロールが犬の健康のもとです。
おいしいものほど高カロリー。気をつけましょう。

人間はときどき ごはんの前にあくしゅ
したがりますが、めんどうくさがらず
にしてあげましょう。人間にとってはこん
なことが とてもうれしいものなので
す。 かわいい生き者ですね。

おわんのマナー

カリカリごはんのたべ口

↓

缶ごはんや かわらかい
ごはんの たべ口

↓

カリカリごはんをいただくときは、ごはんの山
のてっぺんからいただくこと。 横から食べは
じめると、ごはんがくずれて おわんの外にこ
ぼれてしまう。 反対に、缶ごはん等の水
気の多いごはんをいただく場合は おわんの
端からいただくと、口や鼻を不必要に汚さ
ずに食べることができる。

犬の食生活のおとしあな

たのしく おいしい ごはんが、ときとして、とんでもない事故をひきおこすことがあります。 おなかがごろごろしたり、うんちがぴーぴーするような不快な病気にかかることや、悪くすると命にかかわるような毒を持ったたべものを食べてしまうことをさけるために、十分な知識が必要です。

● 絶対食べてはいけないもの

A〜Cは血のおしっこが出る
こわい毒のある草

A ごろごろりん

B ころころりん

C だいどころぐさ

上記の草には、犬にとって 大変よくない毒Allyl-propyl disulfideが入っています。この毒は人間には少しも影響がないので、どうかすると人間の食物の中にまぎれていることがあります。以下の物の中には、ほとんど混入されていると思われるので、注意いたしましょう。

ジュージュー

皮つつみ

けむりもくもく

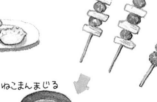

ピリピリ

ねこまんまじる

ピリピリはごろごろりんの他にも 犬に良くない
物が たっぷり。

ねこまんまじるは草が入っていなくても 塩分
が 多過ぎる。

10

● その他の注意すべき食物

D～Hは食べた時は何ともないが、あとでうんちがゆるくなったりぴーぴーする。

D ピーピー豆

E ピーなっつ

F　G

つめたくとろり

H

紙入りつめたくとろり

Iの皮やJはうっかりすると上あごにはりついてとても苦しいものです。またKはのどにつかえるので注意。

I 中あんこ

K もち

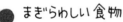

J まっくろ紙

あごうらにはりつくJとたたかう著者

● まぎらわしい食物

チーズ　と　石ケン

ちょっと見ではよく似ていても、石ケンは少しもおいしくありません。犬は小さな色や形の差を見分ける才能があまりないので、ことわざで『百見は一嗅にしかず』と言われているように、きちんとかぎ分けてから食べるようにいたしましょう。

かりんとう

ほしぶどう

ほしぶどうとかりんとうは道におっこちていてもあわてて食べてはいけません。たいていの場合別な物である可能性が大。

11

犬の鼻どうらく

◀ たのしい鼻どうらく ▶

小さな犬といえども、日々の生活に色どりをそえるどうらくを持つことは、とても大切です。高い理想と長い間のじゃくれんをそなえたどうらくは、いつしかあなたの犬性を高め、教養を深めるのに役立つでしょう。

A 大きな人間の足の皮

B 人間のあかんぼうの足の皮

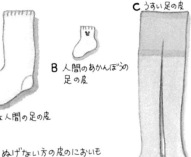

C うすい足の皮

D 小さな人間の足の皮

E 冬の足の皮

鼻どうらくの入門として、まずA〜Eのかぎ分けをしましょう。もちろん洗たくの後、においのわずかな残りでかぎ分けるようにすること。洗たくの前ではにおいが強すぎて、鼻のたんれんには適しません。

→ ぬげない方の皮のにおいもきちんと研究をおこたらない。

● やってみよう（初級）

足の皮に残ったにおいをたよりにかぎ分けよう

1 だれの足の皮か
2 どこに行って来たか

はなのあな は できるだけ 大きく

 →

F ひもつき足の皮

・底のゴムのにおい
・汗のにおい
・木の床 または土のにおい

G かたい足の皮

・皮のにおい
・くつずみのにおい
・たばこのにおい
・アスファルトのにおい

H とがった足の皮

・皮のにおい
・香水・化粧のにおい
・たくさんの人間のにおい

I ゴムの足の皮

・水たまりのにおい

自分の家にまで研究対象を持ち込むと、人間にこうげきされることもあるので注意すること。

12

● やってみよう （初級）

の皮の かぎ分けが できるように なったら、次は においの 強さで 時間を 計ろう。

1 だれが どれを どのくらいの時間 はいていたか

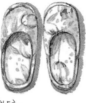

・できれば 同じ足の皮を たくさん集めて 行なってみよう。

● やってみよう （中級）

友だちの 様子を知るのも 鼻 どうらくの目的のひとつ。ことわざに言われるように 『うんちは 方の友よりの 便り』。お手紙を読むつもりで かきましょう。

昨日も おとなりのポチは 元気

大きな声よりも おしりでごあいさつする方が エレガントで あくゆかしい

できれば 簡単でも お返事を

● やってみよう （上級）

のたんれんが できてきたら、こんどは 空気をかいで その中に含まれる色々な においを分析して しみましょう。

1 公園に 何人 おじいさんが いるか （たばこのにおい、しんぶんのにおい等を チェック）
2 やきいもやさんは 駅前の スーパーの 前に いるか、バス停の 横に いるか （風向きと においの強さ）
3 今夜の食事は どんな メニューか （スーパーの袋の中を 見てはいけない）
4 ベランダの はちには 次に 赤い花が 咲くか 白い花が 咲くか （つぼみを見ては いけない）

鼻 どうらくの さまたげ

あまり強い においは 鼻を まひさせ しばらく びみょうな においが わから なくなって しまいます。特に 人間の薬 の類は しげきの 強いものが 多いの で 注意しましょう。あやまって かいで しまった 場合は、すぐに 鼻を よくな めること。

13

犬の耳どうらく

耳どうらくをするにあたっては、耳のたんれんが必要です。いきなり耳どうらくをはじめたり、無理な耳どうらくや過度な耳どうらくは、耳こりや ぎっくり耳をひきおこし、とてもきけんです。耳どうらくの前には きちんと 準備体操をいたしましょう。

◀ 耳たいそう ▶

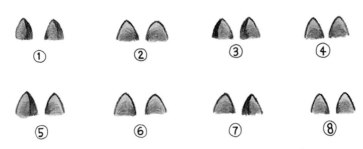

① ② ③ ④

⑤ ⑥ ⑦ ⑧

1～8までを 毎朝8～10回 きちんと 行いましょう。

◀ たのしい耳どうらく ▶

まずは お友達どうしで たのしい耳どうらくを いたしましょう。

お月様（なるべくまんまるの時）にむかって 近況ほうこくをする。

ほうこくを聞く側は、その声の調子や大きさ、のびなどあらゆる方面から色々なことを知ることができます。

今日は おいも たべたよー

コロちゃんの声は とても大きいから、たぶん１年ぶりくらいのおいもだな。

あっ、おいもっていう所 少し小さい声だ 小さなおいもだな。

おしまいの所に とっても感情がこもってふるえてるよ もっと食べたいのだね。

◀ うたう はこ ▶

人間も たまには 耳どうらくをしますが、人間の 耳どうらく用
のはこは、犬にも 楽しいもの です。 はこは 人間の力でしか
うたいません。 はこを 歌わせたい時や もっとはこの歌を 聞
きたい 場合は、人間 にちゃんと その意思表示 をいた
しましょう。 うまく伝わると、ずっと 歌わせて くれます。

耳ははこの方にたおす

目ははこを見る

口は横にひらく

しっぽをふる

昔、うまく 意思表示ができて 有名になった
犬も いました。

● やってみよう (初級)

次のくるまの音を 聞き分けてみよう

● やってみよう (中級)

誰が 帰ってきたか あててみよう

● やってみよう (上級) (成犬指定3才未満禁止)

1 かみなりさまは どこに落ちたか
　(音の大きさと光ってからの 時間 . 落ちた所近くからのあなたちの声)
2 花火の大きさと色
　(パチパチは黄・パチッパチは青 など)

※ かみなりさまも 花火もとても こわい音 なので、初心者 は決して無理
をせず、手近な物で 耳をまもりましょう。

15

犬 の まめどうらく

◀ たいせつな まめ ▶

良い犬の たしなみ　まめそうじ

まえまめ

3 2 1
4

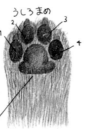

うしろまめ

2 3
1 4

1 あかちゃんまめ
2 おねえさんまめ
3 おにいさんまめ
4 おとうさんまめ
ぽんぽこまめ

ひみつのまめ
おかあさんまめ

おかあさんまめ
めったにつかわないけれど ピ、とても大切なまめ。キズをつけたり虫にさされぬよう、ふだんはきち〜ん と かくしておきましょう。

いろいろな犬のたのしみの中でも、とりわけ奥深くあじわいのあるどうらくは、やはりまめどうらくでしょう。　朝夕のおさんぽのおりにふと まめに感じる土やアスファルトのつめたさ、あたたかさで知る季節のうつり変り、また、おなじみの毛布やクッションにそっとふれる時の心なごむ一瞬。　こうして思いおこすだけでも 犬に生まれ、まめを持った幸せを感じますね。

● おかあさんまめを なめる

私たちはたいていの場合 生まれてすぐお母さんとはお別れしますが、このひみつのまめのおかげで、いつでもお母さんを想い出すことができます。

16

◀ たのしい あそび ▶

● たまあそび
たまの外側の感触や中の空気の入りぐあいをたのしみましょう。

たま

ぷかぷかだま

大きいたま

しゃぼんだま

しゃぼん玉は とてもきれいで
まめが、ふれると はうっと消え
ます。この独特なはらっと感が
まめどうらくの だいご味です。はかない
美しさを愛でる「哲学」なひとときです。

● つちいじり

大切な物を土に埋めるのも 代表的なま
めどうらくのひとつと言えましょう。埋める時
かたい土の感触もさることながら、ほり
した 宝物たちが土になじんで少ししめ
たぐあいも こたえられません。

土をほるときは、まめや
つめをいためないように
少しずつ、リズムにのって
ほりましょう。

● 埋めてはいけないもの
いくら大切なもの・あと何日かとっておきたいものでも 以下のものは埋めると消えてしまいます。

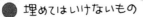

ぱん

つめたくとろり

ぱりぱり

びすけっと

クッキー

17

犬 の た び

私のような小さな犬に体の大きな方よりも少し良い事があるとすれば、それは電車に乗って旅ができるという点でしょう。小さなカゴに入っている時間は多少きゅうくつではありますが、見知らぬ土地に降り立つ時の あのまめがきゅんとなる一瞬は、何度目の旅でも、そのたびに新鮮な感動を呼びおこします。

● たびじたく

水　　　ごはん

こぼんないよう
容器に入れ

かご

おみずはたっぷり
用意しましょう

おみずのおゆ
忘れずに

かごは何でもよいが、通気性の良い物を。急におしっこがしたくなっても大丈夫なように、下にビニールと新聞紙をしいておきましょう。

ビニールぶくろ　　　しんぶんし

きっぷ

トイレットペーパー

犬用　　　人間用

（帰りの運賃も忘れずに）

良い犬は、うんちのための準備もおこたりません

● その他

なごみの素
ほねちゃん
（～週間もの）

なごみの友
みみちゃん
（2年もの）

特に必要というわけでなくても、かごに入っている間はきゅうくつでたいくつなものですから、普段からなじみ深い心なごむ物を1つ2つ持って行くのも良い方法でしょう。

18

公 園 の 休 日

私のいちばんのお気に入りの旅は、広い公園に行くことです。特に
昭和記念公園は 私のとっておきの公園です。 四季おりおりの
花で 鼻どうらくをするのはもちろん、野鳥のかわいいさえずりが何種類
も楽しめる耳どうらくにはもってこいの場所でもあり、また、よく手入れ
の行きとどいた草の上で、コンクリートに 疲れたまめをいやすのは、とても気持
の良いものです。

草の上で おひるねも
また かくべつ

● 特別に必要な 物

トイレ用品

くびかざりと
ひものセット

はんこ

以上の物がないと公園内には入れません。
はんこはもちろん人間の物。人間は私たちが
公園に入るために、紙を一枚書き込むという仕事
をします。はんこは その時に使います。
くびひもは 公園内では 必ず着用します。

くには 落葉をふんで まめどうらく

19

人間 かんけい

人間は 古くから犬の友人であり、私たちとの長い共存生活によって最も気のおけない 関係を作り上げました。 この愛すべき生き物の習性や体のしくみを知り、生活に役立てましょう。

◀ 人間 というもの ▶

犬の場合. 種類は 大きく 鼻が 黒い犬と そうでない犬に分けることができますが、人間の場合 鼻の色は他の体の部分と同じなので. こういった分類は できません。 しかし、内面的な性質では、大きく 犬好きとだきらいに分かれます。 これを きちんと見分けることは、犬にとってとても重要なことです。

● 犬 好 き

● 犬 きらい

この2匹の人間は. 一方が犬好きで、他方が犬きらいです。 外観では 相方のちがいを見分けるのは大変むつかしいことです。 たとえ習性がほとんど同じでも、両方犬好きとはかぎらないところが 人間のふしぎなところです。

2匹とも

・しっぽはない

・鼻は白い

・口はとがっていない

・前足は 地面にととどかない

・スイカが好き

・おいもが好き

だ　が

犬が好き　　　犬はきらい

◀ 人間の見分け方 ▶

とりあえず、人間にも 知性というものが あります。犬のことばを 理解できない人間でも、なんとなく 意味は通じるものなのです。ですから まず「こんにちは」と声をかけてみましょう。 はじめのごあいさつに どう対応するかで 犬好きか否かは たやすく 判別できます。

● 犬好きの行動

こんにちゃん

前足を出す

さわって来る

向って来る

やあ、犬だ お手・お手

何か鳴き声を発することが多い あくしゅを求めることもある

口は横に ひらいていて 歯が見える

● 犬きらいの行動

うわ、犬だ!

大きくほえる

目から水を出す （鼻の場合もある）

こんにちゃん

じたばたする →

ずんずん遠ざかる

目を見ないで通り過ぎる

あらゆるところから水を出す

こうげきする

21

人間 の しゅうせい

◀ **人間のこうげき性** ▶

人間は するどい 牙や爪を持たないにも かかわらず たいてい肉食で こうげき性があります。いつもは 仲良しの人間であっても、時と場合によっては理性を無くし、こうげきをしかけることがあります。

● **時とばあい**

足の皮を埋めた時

名前をつけた時

こうげきした時

人間の物を埋めたら、見つからないようにしないとこうげきされます。人間は大切な物を土に埋めて大事にすることを知りません。いくう放ったらぱなしで置いてあっても、かわりに埋めてあげるのはやめておきましょう。

これも親切のつもりがあだとなる例。人間は鼻が弱いくせにきちんと名前をつけません。それなのに物に対する独占欲が強いので、せっかくのおしっこをふき取ってしまいます。

たとえどんなに悪いやつでも、犬が人間をこうげきすると、人間はみんなで犬きらいになってしまいます。こういう場合は、とにかく言って聞かせましょう。どんなに悪いかを大きな声で言って聞かせるのが一番です。

もし、人間が アドレナリン臭くなって こうげきしそうな時は、きちんと身を まもりましょう

体をひくくする

耳はうしろにねかせる

しっぽは巻く

無駄と思っても一応のこうぎを目でうったえましょう。でも それが受け入れられず、こうげきされる場合は 目をつぶろう。

※ 人間はこうげきする前、必ず多量の アドレナリンを分泌します。

22

◀ 人間 の よろこび ▶

人間は たいがい たあいのないことにも よろこびます。それは あまりに たあいないので おどろくに あたいしますが、この 単純 なところが 人間の かわいさで あるわけです。

● 人間が よろこぶこと

あくしゅして マメを さわらせる

何かを持って来る

おなかやおっぱいを
見せる

人間は これが大好きで、しょっちゅう あくしゅしたがります。大切な マメですが さわらせてあげましょう。ただし、人間には マメが1つもないので お返しはできません。

（たまに うしろまめを出してやる
と、ものすごくよろこびます）

物を持って来てもらうのも人間の大好きなことです。新聞など必要な物を取って来てもらうのはもちろん、たまや棒きれなど てあたりしだいに行ったり来たりさせてよろこびます。

人間には おっぱいが2つしかありません。そのため、私たちの おっぱいが うらやましくて、よく見たがります。人間はさすがに感動して お礼に マッサージを してくれる場合もあります。

◀ 人間 の かなしみ ▶

人間は ときどき とても 悲しみます。何で そうなるかを 理解しようとしても、なかなか できることではありませんが、あのように 牙も爪も ももない 弱い生き物が 悲しんでいるのは とても かわいそうなものです。まして 彼らは 悲しみを まぎらすために なめる、おかあさんまめすら ないのですから。　私たちは より強い者の義務として、また 共に暮らすものの 責任として、人間を なぐさめてあげましょう。

● なぐさめ方

鼻でさわる
まめをさわらせる
体温をわけてやる
しっぽをふる

耳をぱたぱたたして気をそらしてやる

目から出る水を なめてやる

※ どれも有効でないほど ひどい時は
とにかく そばにいてあげましょう。

人間のことば

人間は私達犬と異なり、ことばの種類を沢山持ってはおりません。ですから、犬が人間のことばを学ぶのは、思うより簡単なことです。またわれわれのことばのほんの一部は人間にも通じます。

● しっぽ語

　　人間にはかわいそうなことにしっぽがないので、この最も優雅で気品あることばを使うことができません。ただ、犬がしっぽ語を主に「うれしい時」に使っているというのは解っているようです。

● はな語

　　人間にも鼻はあります。しかし、とても奇妙なことに鼻が顔の他の部分と同じ色で少しも目立ちません。あのようなみっともない鼻でことばを話すのははずかしいとみえて、どの人間もはな語はできません。

● おしり語 と うんち語

　　とても信じられないことですが、人間はおしりでずいぶん上手に話すことができるのに、それを聞きたがりません。おしり語を話すと、まるで大きな犯罪でも犯したようにまわりの人間につまはじきにされます。また、うんち語も同様。せっかくのうんちはだれにも見せずに捨ててしまいます。

● みみ語

ほとんどの人間のみみは、穴のまわりにつぶれてくっついているだけで動きません。

● くち語

他のことばの不自由な人間は、しかたなしにくちから出る音を使って、たがいに意思を伝えます。しかし、やはりこのようなあいまいな手段では誤解が発生することが多く、そのために悲しむ人間はかなりいます。

人間の顔
(じいさんという種類)

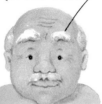

- ここに生えた一列の毛は、ことばのたすけになる めずらしいも
- 人間のはなはいつも乾いているが、別にぐあいが悪いのではない。　かえって鼻の穴から水を出している時は、どこか病気になっているということだ。
- 耳はつぶれていて動かない。
- 目・口はよく動いて、その形もことばになる。

鼻さえ黒ければかわいい
人間の顔

基本の顔語

てました
金さん

いよっ
遠山桜!

うれしい顔

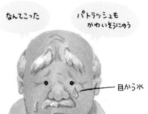

なんてこった

パトラッシュも
かわいそうにのう

目から水

かなしい顔

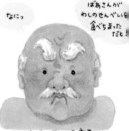

なにっ

ばあさんが
わしのせんべいを
食べちまった
だと!

おこっている顔

あかんぼうのうんち語だけは 親が読みます。

ゆうべは ステーキを
たべたんだよ

大きなオスは よく おしり語
を話すことがある
(大した内容ではないが)

あ・おしり語だ

から出る音の組み合わせさえ聞き分けられるようになれ
人間語は ほとんど理解したと言えるでしょう。ただ
人間は必ずしも正直ではありません。口で言ってい
ことと体で言っていることが同じでない場合、口で言っ
いる内容がうそであるということを おぼえておき
ょう。

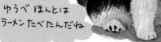

ゆうべ ほんとは
ラーメンたべたんだね

P

犬　形

人間は 犬に対する尊敬や感謝をしばしば形を作ることで表します。犬に
そういった習慣はありませんが、人間の気持というのは不思議なもので、こう
いったことに何か特別な意味を感じるらしく、自らの形さえ石などで作り、
大切にします。形がどうあれ、石はあくまで石であるという私たち犬にとって
は、計り知れない何かが人間の内にはあるようです。

● 石 犬 形

お散歩の時によく
見る犬形。とても大切
なものらしい。
『こま』という名前らしい。

犬人間 !?

なぜか理由はわからないが、人間の約 $\frac{1}{2}$ は犬な
のだそうである。その人間が犬が好きであるとか
犬のいる所で生まれたとか、そういったこととは全く関
係なく、ある種の人間は生まれながらにして、必然
的に犬なのだそうだ。他にも ねずみ人間とか、
さる人間、イノシシ人間などもいるらしい。
ただし、ねこ人間はいないそうだ。

● 布犬形　　著者と布犬形

　私の同居人も多くの犬形を持っていて、持っているということだけで とても
楽しいのだそうです。妙ですね。

● その他の犬形

A は ひっぱってあそぶ犬形
たまには人間も 犬をひっぱって
みたいからであろうか。
B は 店の前に立って仕事をする
犬形。

A 木犬形

B 鉄犬形

C 花犬形

D クリームビスキー

C・D とも 東中神駅前にて
購入。著者の最も好き
な犬形である。

犬 の し ご と

それはとても昔、ずっとずっと昔で誰もいつかは思い出せない頃から犬は『人間をまもる』という大変重要な仕事をしてきました。ご存じのとおり、人間というものは、この世界で生きて行くのには、あまりにも弱い生き物です。一般的に爪や牙のない弱い生き物は、かわりに身をまもるためのすぐれた能力を持つものですが、人間だけは、特にすぐれた能力をたったひとつも持っていません。われわれのご先祖はこうしたかわいそうな人間をあわれんで、いつしか人間をまもってやるという大役をひきうけ、現在に至るまで、われわれの仕事としてうけつがれているというわけです。

うさぎは長い耳を持っている

一般的なうさぎ
← ピーター君

ハリネズミは針で身を守る

一般的なキリン
← たかこさん

キリンは長い首で遠くがよく見える

一般的なハリネズミ
ハンス君

一般的な生き物

人間は犬のしごとに対する感謝として、毎日ささやかなごはんとお水をおゆんに満たしてくれます。この報酬があまりにささやかであっても、それは人間にとって精いっぱいの気持であることを理解してあげましょう。私たち犬は強くて寛大な生き物です。きびだんごひとつで鬼をたいじしてあげたご先祖がいたことを思い出し、つまらないことにとらわれず、仕事はきちんとしてあげましょう。

今も残る犬のしごとに関する
文献の数々　→

◀ いろいろな しごと ▶

● じぶんの家になまえをつける

ここには犬がいて人間を
まもっているということを知
らしめ、弱い人間が他の
生き物にこうげきされる
のをふせぐ。

● おさんぽする

鼻のよくない人間にか
わって、きちんと名前をかぎ
分けて、家にもどれるように
してやる。

● だれかが来たことを知らせる

できれば どんな様子かを細かく知らせる

だれか来たよ！
黒い前足で
黒いあたまで

青いおしりで
犬がきらいな
だれか来たよ！

ねむる

〈休むのもしごとのうちです。ただし、
ざという時のために耳よいつも休まぬ
うに気をつけること。

● 言ってきかせる

人間もあびやかす者に対して
は、だんことして言ってきかせよう。

こう
あっち行け
こう

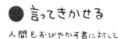

※ 言ってきかない場合は前足でたたいてやろう。

31

人 という字に 武器を意味する棒を一本加えます。すると 人は 強くなって、 ひとまわり 大 きくなります。

その 大 という字に うんちを ひとつつけ加えると 犬 という字にな ります。

犬 というのは 文字どおり 人より強く、 うんち語もできる かしこい生 き物という 意味です。

そして さらに すばらしい 文字をひとつ、 人間は 私たちに プレゼ ントしてくれました。

愛犬

この世で 最も 美しい ことばの ひとつです。

Special Thanks To：
マスターフーズリミテッド、日本ペットフード㈱、共立商事㈱、雪印乳業
㈱、クェーカーオーツジャパン㈱、ハーゲンダッツジャパン㈱、㈱リーボ
ックジャパン、大幸薬品㈱、ロート製薬㈱、伊藤忠商事㈱、カルピス食品
工業㈱、メグミ生花店

犬の学問

犬の生活研究家
全日本せっせっせ協会会長
ポピー・N・キタイン 著

津田直美 画

鼻を黒くして待っていてくださったみなさま
おまたせいたしました

前著「犬の生活」を読んで はじめて 犬の自覚を持ち、犬としての生活を はじめられた方も、そろそろ生活に慣れ、よゆうもできてきたことと思います。 前著は お役に立っておりますでしょうか。

さて、私のもとには 毎日たくさんの お便りがよせられておりますが、多くの方々から 毎日の生活についての問題、とくに ただひたすら人間に対する仕事にあけくれ、まめどうらくや 口どうらく ばかりに時間を ついやしてしまうことに感じるむなしさについて 何とかしたいとの声がよせられています。

毎日 おなかがポンポコで、仕事に満足さえしていれば、幸せな 犬生と言えるのでしょうか。

もっと 内面的な 豊かさも 必要ではないでしょうか。

今回は そういったことのために、広い意味での 学問をとりあげてみました。

これらを 前足がかりとして、より充実した 犬生を送るための よりどころをみつけていただければ 幸いです。

楽しく 学問を志して、豊かで 幸せな 犬生を送りましょう。

犬の生活 研究家
ポピー・N・キタイン

も　く　じ

Can won

犬 の 文 学

日本一の桃の旗の下に
― おにたいじだ タローの おはなし ―

うん！
くえる
くえる

昔々、むこうに山、こちらに川のある所に、タローさんが

おりました。　タローさんが道で花のにおいを鼻どうら

くしておりますと、むこうから何やら嗅ぎなれない、おい

しいにおいがして来ました。　「はて、何のにおいだろう」

と、タローさんが鼻をかしげておりますと、　人間が1人、

妙な旗を立てて、やって来るではありませんか。

どうやら先ほどの良いにおいは、その人間の腰

に下げた袋からのようです。

「もしもし、その腰に下げていらっしゃるのは一体何ですか？」と

タローさんが聞くと、　その人間は胸をはって大声でこう言いました。

「われこそは桃から生まれた桃太郎！　これより鬼たいじに行く所で

ある！　きびだんごほしくば、ついてまいれ!!」　タローさんは、そこで、一番

気にかかっている事を聞いてみました。　「さて、そのきびだんごとやらは、

においと同じく、口にもおいしいのでありますか？」　すると桃太郎は、だ

まって旗を指さしました。　「ほほう！　日本一おいしいのですね。　それでは

鬼たいじに ご一緒いたしましょう」

そういうわけで、タローさんは同じ理

由でついて来たサルの方とキジの方

うまーい
すごーくうまい！

三十六

と一緒に、桃太郎の鬼たいじを てつだってやること
に なりました。

鬼たいじは、タローさんや他の方々の考えていた以上に大
変でつらいお仕事でした。 しかし、根が まじめで、一生けんめ
いなタローさんの働きで、 なんとか やりとおしました。 ただ、タローさんは、
サルの方が あまり要領よく さぼるので 多少 おもしろくありませんでした。
実のところ、サルさんを ちょっと きらいな気がしていました。
サルさんも、タローさんが 鼻についているようでしたが。
ともあれ、鬼たいじが 終って、 約束のきびだんごを
もらってみると、 においのわりには 犬の口には おいし
いものでは ありませんでした。
しかたないのでタローさんは、 お口なおしに 道ばたの
草を すこしかじりました。 もちろん、たかっていた バッタは
にがして やりました。

あんまりなー
歯ごたえんがなー

かんようくのゆらい
どこの ももの たね

このおはなしが 元となって、「どこのももの たねとも わからぬやつ」
といった 言い方が できました。 素姓のわからぬ、あやしい者をさして言う話です。
派手な 物言いや 姿・形に まどわされずに、正しく 品性を 嗅ぎ分けられるよ
うになることと、 つらい目にあった 時にも、他の者に やさしく気配りを 忘れぬ
ようにすることが 大切である。 というお話でした。

犬 の 数学

私たちはふだん 1（ひとつ）2（ふたつ）∞（たくさん）という数の
かぞえ方をしていますが、本当は数というものはもっと奥ふかいもの
です。数を学ぶことによって、今までいささか納得できなかった
ことがらが、実は きちんとした定理に基づいたものであることが
理解できるようになるでしょう。

◀ 基本 の 計算 ▶

● ごはん算

・例題

鈴木タローさんは 毎朝10時に ごはんをおわん一杯 いただきます。
ある日、タローさんは、ごはんを 半分だけ 残して みました。次の日のタロー
さんの ごはんの数を 求めなさい。

・式

毎朝10時のごはん を1とすると、ふだんは

ごはんの公式

$$x - y = x$$

ごはんはいつも かわらない

答 　1　　たべる　1　　おいしい おいしい　＝　1
　　　　ごはん　　を　全部たべる　と　なくなるので　次の日も ごはんは

ところで、ごはんを 半分だけ 残した 場合

$$1 - \frac{1}{2}$$

 あぅ めずらしい！ のこしたや！ ＝ 1

ごはん　を　がまんして 残すと　お母さんが 捨ててしまう ので

答 やっぱり 次の日の ごはんは 1 である。

ごはんの定理　　ごはんは 残すと ひじょうに せつなく かつ もったいない

● ほね算

・例題

増沢クロさんは,ホネを 2つもらいました。 そのうち 1つを土に埋め、1つをおいしくいただきました。 次の日 また 2つもらい 1つを埋め、1つをいただきました。 クロさんのホネは何本あるでしょうか。

・式

今日もらったホネを 2 とすると,

$$2 - 1 \smile 1 = 1$$

2本のうち 1本をたべて

1本をうめると 土の中にホネは1つ

答1 次の日さらに 同じことをしても ホネは 1つもないように見えるが、土を掘ってみると実は ホネは 2つある

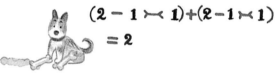

$$(2 - 1 \smile 1) + (2 - 1 \smile 1) = 2$$

答2 そして さらに掘ると、このあいだ埋めて忘れていたのまで ついでに出て来たりする。

$$= たくさん$$

答3 しかし お母さんにみつかって 捨てられてしまうこともある。

せっしょーな

$$= 0$$

まったく
こんなに
きたないわ
!!

ほねの公式

$$-y \smile z = z$$

ねはうめた数だけ残る

ほねの非公式

$$\smile \fallingdotseq \infty$$

可能性は たくさん

■ほねの定理   なにごとも 思いどおりには行かないことが多い

犬 の 保健

学問をするのには色々と必要なものがあります。まず第一に学問を志す気持ち。第二にとことんつき進む努力。そして第三にいつも健康でいることです。毎日きちんと健康に気をくばり、清潔で元気な犬でいられるよう心がけましょう。

◀ けんこうの 注意信号 ▶

次のようなことをしたい気持になったり、あるいは自分で知らずのうちに行っているような場合、健康が害されているおそれがあります。

A イスや柱などにしょっちゅう背中をごりごりしてしまう

B ついつい おまめばかりなめてしまう（おまめが くさい）

C うしろあしで 思いっきり耳をドタバタしてしまう

AC および Dは、カユカユや プーンによる 場合もありますが（犬の生活参照）皮ふ病の可能性や、耳ダニの場合も考えられます。Bも あまり ひんぱんであったり、異臭、皮むけなどがある場合、水虫である可能性があるので 要注意。また単に不潔であることも原因と考えられるので、おふろにも 入りましょう。

D おしりを 地面につけて前足で ズルズルと進んでしまう

40

● いろいろな健康法 ─ 加賀まるさんの場合 ─

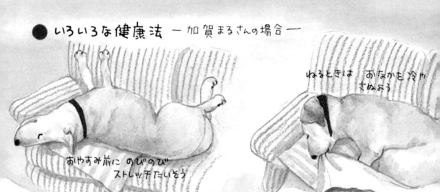

おやすみ前に のびのび
ストレッチたいそう

ねるときは おなかを冷や
さぬよう

◁ 清潔について ▷

ふろに入る前に おしりを きれいに

すごーく臭いよ

おしりは
この角度に
おし上げる

あんまりぎゅっと
しないでね

ここに、名前をつけるための
い液体が たまって
まうことがあります。

おしりの穴にむかって
指で きゅっと しぼると
液体が出ます。

慣れれば おふろも どうらくに

おふろに入った あとは、耳に入った水も きれいに
いたしましょう。

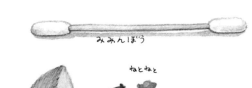

みみんぼう

ツメが のびすぎているのは
とても みっともないことです。
人間でさえ 切るのですから、
私たちも 気をつけましょう。

ねとねと

このように 赤い みみ かす
が出たら 耳ダニ かも
しれません。

耳そうじや おしりの しぼり方は、一度 お医者さんに
聞いてみることを おすすめします。

まめの間からのび
ている毛も切りま
しょう。

41

犬 の 理 科

◀ものごとを深く知る▶ ― 観察

身のまわりの動植物をじっくり見て知ることは、生物学的、植物学的な知識を広め、育む手段であるばかりでなく、その他の分野での学問にも役立つ『観察力』を身につける、良い機会となるでしょう。

● やってみよう ― 観察表を作る

同時に複数の対象を観察するにあたっては、統一された基準により行うことがかんじんです。また、表を作ることで、目的が明確になり、観察が単なる口どうらくとなってしまうことも防止できます。

対象	色	まめざわり	におい	舌ざわり	のどごし
1 皿の上の魚	ふつうさかな色	あついのちつめたい	こげ、あぶら、うまい（腹部のしげき）	おおむねなめらか（一部チクチク）	ゴクン
2 紙ぶくろの魚	茶	あついのちつめたいふわふわ	しめっている	やわらかいあまい	ウックン（お水
3 げたばこの上魚	未白	判定不す（しかうれた）	水くさい	判	可
4 ぴらぴらおしいれ魚	赤・青黒・金	さらり（たたまれている場合も）	ナフタリンのにおい		可

あるとべんりな道具

← 大きくなるガラス
目観察をする時細かい所を大きくして役立つ。

× ガホン
鼻観察の時、他のにおいの混入をふせぐ。

お水

口観察のあと、これがあるとひきつづきの口観がよりおいしい。

※ ×ガホンがないばあいは、対象にできるだけ鼻をよせること。

◀ 私の観察の成果 ▶

● 生活的魚類

おいしい類

皿目 あつい科 おさかな

A おさかな
・主に皿の上に分布
単独の場合が多い
つめたい科にも似たような「さしみ」というのがいる。こちらは母にのることもある。

内部はこのようになっている

内臓はおおむねにがい

B ふくろ魚

ふくろ目 あつい科 ふくろ魚

・主に駅前やかたいに生息。ふつうふくろ内に複数で発見されることが多い。

断面

内臓はあまくておいしい

おいしくない類

同じさかなに属しながら、食べることのできないもの。

空目 布科 やねさかな

水目 げんかん科 赤魚

C やねさかな
・主に押し入れに生息。
春4月末から5月あたまにかけて
空におよぐ習性あり。

D 赤魚
主にげんかんのげたばこの上等に
生息。他に黒魚・まだう魚もある。
↙ ※観察には人間にこうげきされぬよう注意が必要。

43

犬 の 芸術

芸術にしたしむのもりっぱな学問のひとつです。まずは、多くの芸術を
観照し、芸術に対する鼻をやしないましょう。良い芸術をうまく嗅ぎ
分けられると、"鼻がきく"と言われるでしょう。鼻をほめられるのはうれしいですね。

「つんさんの像」

これは上野にある「つん」さんの石犬形です。
前著「犬の生活」にて犬形にふれましたが、
「何のためであるか、意味が理解できない
ものが芸術というものである」と考えれば、
芸術はより身近になりますね。

「ビンの犬」 →

特に犬がこれを作っているのでは
ありません。ではなぜでしょう?
芸術とは こういうものです。

← 「ハチさんは待つよ」

渋谷にあるこの石形は、人間が待ち
合わせに使います。ハチさんの生涯と
待つことに深いかかわりがあるから
でしょうか。

「名犬ボビー」 →

これはスコットランドにある
「ボビー」さんの石形。

ボビーさんはハチさんよりも ずっと
年上ですが、スコットランドのハチ公
などと呼ばれてしまう 不幸せな方です。

◀ 芸術にしたしむ ▶

芸術に慣れたら、自分でも芸術を作ってみましょう。

● 芸術の製作

タイトルについて。
タイトルとは作品につける名前です。特に意味のない
作品をも、大作のように感じさせる力を持っていますの
で、作品が弱い場合にも ごたいそうにつけましょう。

タイトル

東中神のたそがれ

これは、夕方、人間がごはんを
食べている間にできた作品です。
朝ごはん犬の夕ごはんに対する
あこがれと、1日1度しかない
ごはんに対する怒りを表現
してみました。

タイトル

えかきの おとしもの

これは姉の机の下にあるねり
ゴム (消しゴムの一種)を使って
作った作品です。
私の暮らす環境を表現
してみました。

作品を集めて
個展を行う著者

● 芸術の保存

芸術の保存には 校木組 が良いとされていますが、
土の中も すてたものではありません。

A 正倉院

表的校木組の芸術保存庫
見鈿紫檀五絃琵琶 などがしまわれていた。

45

B にわの穴

代表的土の中芸術保存庫
東中神のたそがれ がしまわれている。

犬の音楽

私たちの耳もものども、音楽にこれ以上適した物は他にありません。
生まれ持った最高の才能に感謝し、大いに音楽を楽しみましょう。

● 歴史に名を残す作曲家たち

音楽の父と言われる
セバスチャンハウンド

「爺さん上の蟻」「トッカータとフガフガ」
など多くの有名な曲を作曲

音楽の母と言われる
ヘンデルメシアン

「明日はハレルヤ」など
お天気の曲で有名

音楽の子と言われる
チョピン

「小犬のワルツ」
で有名

自らの作曲を譜面に残しましょう。

● 譜面の書き方

四線譜

作曲は夢が広がる
楽しい學問です

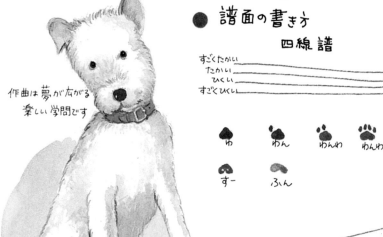

すごくたかい
たかい
ひくい
すごくひくい

わ　　わん　　わんわ　　わんわん

すー　　ふん

うたがっせんの とも

作詞 イトウ・ハヂロー
作曲 シベリアン・ハスキー

きゅうきゅう しゃが きた ぞ　　　　うー ゅん ゎん　　うー ゎん ゎん

しょうぼう しゃも ぱとかー も　　　　うー　　ゅん ゎん ゎん

1 きゅう きゅうしゃが 来たぞ
うーゎんゎん　うーゎんゎん
しょうぼうしゃも ぱとかーも
うーゎんゎん ゎん

2 学校の チャイムだ
うーゎんゎん うーゎんゎん
やきいもゃの 鐘だ
うーゎんゎん ゎん

3 生協の くるまだ
うーゎんゎん うーゎんゎん
ちりがみ 交換も
うーゎんゎん ゎん

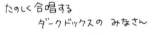

たのしく 合唱する
ダークドックスの みなさん

犬 の ふくしょく

犬と言えども身だしなみはとても重要です。特に**TPO**に気をくばり、いつも身ぎれいにしておくことが 愛される犬のつとめです。

● T てっぺん

犬のてっぺんとは、もちろん鼻のあたまのこと。いつもしめって黒くぴかぴかでいられるよう気をつけましょう。

● P ぽんぽこ

ささくれたり、土だらけのぽんぽこまめでは、せっかくのあくしゅも だいなしです。

● O おしり

これはもう 言うまでもありませんが、おしりの汚れているのは、犬として最低です。

きちんと **TPO**に気をくばれるようになったら、時とばあいによっておしゃれをしてみるのも楽しいものです。 おしゃれには、必要の生んだおしゃれと、特に 必要ではないおしゃれがあります。 基本的に おしゃれは個犬の自由ですから、いくら 同居人の リクエストであっても、犬権を主張し、やりたくない事を無理にする必要は ありません。 しかし、一方で、特別なもよおしや記念日などの ちょっとしたおしゃれは、その場をなごませるという私達の仕事にも 大きく役立つものでもあります。

● 必要の生んだおしゃれ A

パグさんなど 毛のみじかい方々は、つらい日本の冬には このようにセーターをおめしになる場合があります。
あたたかい おしゃれです。

48

必要の生んだおしゃれ B (私の場合)

ずんずんのびる毛で
目がふさがらぬよう
ゆゆくおしゃれ。
しかし、他の部分が長いので
作家生活には
不向き。
原稿が
見えない。

そして、
ショートカットな
私。
この段階で
♂とまちがえ
られる。

さうに夏はすずしく丸がり。
こうなると道行く人に
「その生き物は 何ですか?」
と言われる

マルガリータ!

え? 私?
マルガリータ?

しかし、1ヶ月ほどで
また元にもどる

必要の生んだおしゃれ C

街でみかけた雨の日のおしゃれ
鼻は 出ていました。 すごいですね。

ビニール
ぶくろ

必要でないおしゃれ A

においのおしゃれは
かんべんしてもらいましょう。

必要でないおしゃれ B (私の場合)

私はときどき (おもにおでかけする時などに)
このようなスカーフをします。 特に必要とは思われませんが、
「かわいい!」 と言われるのが大好きな私は、ついついこんなことに ···。

はじめは 自転車にのる時、お耳に風が入らぬように
やってみました。

て···

あーら
かわいい!!

をあ!

"まちこ巻き" で満足な著者

Tinkle Tinkle!

しかし···

あら
何か変

どくて?

"たごさく" でまぬけな著者
人間式のおしゃれはむずかしいものです。

49

歴史のなかの犬

パブロフさんの愛犬は 毎日きちんとごはんをいただくことにより、パブロフさんの実験に役立ち、有名になりました。「ごはん反射」(人間語では 条件反射) と言われているこの作用は、「パブロフの犬」として、歴史に 残され、語りつがれています。また、「イソップの犬」は 橋の上から肉を落とし、「万有引力」を 発見しました。その後 リンゴを落とした人間の出現により、引力の発見という栄誉は 発表の前に消えてしまいましたが、かわりに別な教訓をひろめる話として、これもまた、広く、長く語りつがれています。他にも 文学でも取り上げた「おにたいじ犬」や、芸術を愛した「フランダース犬」、鼻どうらくとまめどうらくにより、人間を豊かにした「裏畑のポチ」など、みなさんよくごぞんじの犬は 多くいますね。

しかし、「ライカ犬」について知っておられますか? ライカ犬のリモンチクさんは、世界ではじめて宇宙を飛んだ宇宙犬です。

彼女の 文字どおり命をささげた仕事によって、その後 多くの人間や生き物が安全に宇宙に行けるようになりました。

私たちは 体重わずか5kgの小さな犬、リモンチクさんの、宇宙開発に寄与した偉大な功績をたたえ、感謝し、そのために散った 尊い命のあったことを忘れぬようにいたしましょう。

※ はなさかじいの話として 人間の間でも有名

星に なった リモンチクさん

1957年　10月4日
（ロシア・バイコヌール基地）

世界ではじめての人工衛星 スプートニク1号が打ち上げられた。宇宙時代の幕あけである。スプートニク1号は、地球の大気圏のようすや電離層の観測などを行った。

11月3日

スプートニク2号も打ち上げられた。重さは1号の約6倍の508.3kg。「宇宙空間における 物理課程と生活条件を研究するため」に、ライカ犬リモンチクさんが地球の生物としてはじめて宇宙旅行に旅立った。リモンチクさんは衛星の密閉キャビンの中から、脈、血圧、体温などの情報を伝える仕事をした。

スプートニク1号

11月4日
スプートニク2号は 朝までに地球を12周した。

11月5日
モスクワのえらい人間が、リモンチクさんのごはんは数日分で、リモンチクさんは ごはんのなくなる前に衛星から地球に発射され、パラシュートで降りると発表。

11月6日
モスクワでは ふたたび リモンチクさんが1週間以内に地球に帰るだろうと発表。リモンチクさんは元気と伝えた。

11月8日
とつぜん、モスクワ放送は リモンチクさんについての情報を伝えなくなる。

11月11日
ソ連の首相が、リモンチクさんは10日まで元気であったと発表。だが一方で、リモンチクさんは6日目に薬殺されたのではという情報も流れた。

11月12日
ソ連の科学者がリモンチクさんの死を発表。6日目の最後のごはんに入っていた睡眠薬による死であったと伝えられた。

11月13日
プラウダは スプートニク2号の詳細を発表。また、ソ連の科学者がもともとスプートニク2号計画は地上に帰れないものであったことを発表した。

1961年　4月12日
人間の ガガーリンさん、人類初の宇宙飛行に成功。

1969年　7月20日
宇宙船アポロ、月に着陸。

　ライカ犬 リモンチクさん→

犬 の 地 理

1日の仕事が終ったあとのお散歩は とても楽しいものですね。
そのお散歩も、ちょっとしたことに気を配り、目的を持つことによって
学問となります。 楽しく有意義な学問 ― 地理は、まさに犬
のための学問と言えましょう。

◀ 地図を作ろう ▶

　地理の基本である地図をつくることは とても大切です。 きちんとした基準
をまもって、正しい 役立つ地図を作りましょう。

● 距離の単位

1しっぽ （約10cm）

100しっぽ＝1となり
100となり＝1つかれたな

※ 現在はほとんどの国で
しっぽ法が使われています。

1 はなしっぽ（約4.2しっぽ）

● 方位

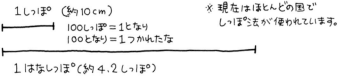

おねむ

↑緯度

おねすみ　　　　おねよう

←経度　（地球のまんなか）　経度→

おやすみ　　　　　　おわん♡　　　　おはよう

お日さまのしずむ方角　　　　　　　　　お日さまの出る方角

おひすみ　　　　↓緯度　　　おひよう

おひる

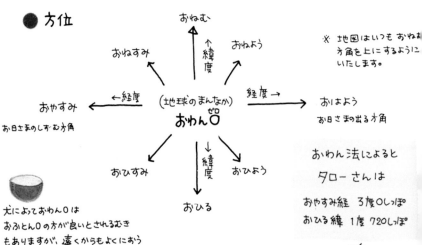

※ 地図はいつも おねむ
方角を上にするように
いたします。

おわん法によると
タローさんは

おやすみ経 3度0しっぽ
おひる緯 1度720しっぽ

犬によっておわん♡は
おふとん♡の方が良いとされるむき
もありますが、遠くからもよくにおう
という点で、おわんを地球のまんな
かにすることを おすすめします。

※ 1000しっぽ ＝ 1度

52

● しるしつけと 計測

100しっぽごとに 名前をつける

- 地球のはて（散歩の折り返し地点）にも
  しるしをつける。

- 計測に まちがいがないか、何度も同じ
  ことをしてみる。

◀ わたしの世界地図 ▶　　　かたい道　🦴 まめどうらく　★ お便りの
　　　　　　　　　　　　　　　　　　　　　　　　　　　　 ポイント

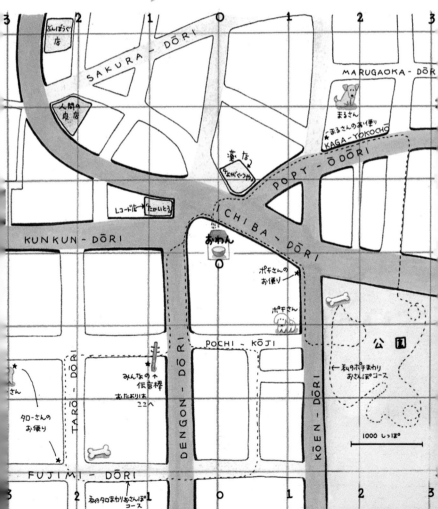

犬 の 考古学

現代に残された古い物を研究することを考古学といいます。古い文化や生活を知ることによって、今の犬の生活における色々なことがらに私たちはどう対処して行ったら良いのかをも 学ぶことができるでしょう。

● 化石

古くなって石のようになった物を化石と言います。化石を見ると、過去のできごとを知ることができます。

台所で発見された米の化石。おしょうゆのしみているぐあいから、数日前に焼きおにぎりをしたということがわかった。

これも台所で発見された魚の化石。昔、この台所は海であった可能性がうかがえる。

このもち化石は人間の言う「正月」という時代によく見られる。

● 文字石

ヒエログラフ →

これはイギリスの博物館に保管されている文字石。4種類のことばが記されている。人間はそのうちの神聖文字(ヒエログラフ)、民衆文字、ギリシア文字の3つの文字の解読に成功したが、エジプト犬(クレオパトラッシュさん)による、エジプトごはんにおけるハト肉の取りあつかい方についての貴重なお便り(おしりグラフ)がしみていることは嗅ぎとることができないらしい。

↑ この部分におしりグラフがしみている。

穴画

こういった所や

こういった所にも お便りは残っている。

フランスの穴に 描いてある動物の絵。 とてもとても古いものなので大切にされている。 人間はこの絵によって当時のくらしを 知ることができた。

私たちも鼻どうらくにより, 原始犬の生活のようすを うかがうことができる。

かべ画

これは 東中神に残る かべ画。あまり古いものではないが, 作者がポチさんと楽しく遊んだことが見てとれる。 また, 横の伝言棒により, シロさんも同行したことや, 場所が 昭和公園のゲートボール場のとなりであったことなどがわかる。近代史を伝える貴重なものとして, 大切にしたいものだ。

やってみよう（歴史を残す）

・伝言棒は歴史を残すにはもっとも手軽です。

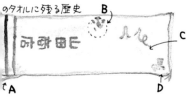

のタオルに残る歴史

A のはしっこの切れ目は おやつにやきイモが出た記念
B のしみは 同じくおやつにぶどう記念
C の糸の引き出してあるのは, タローさんが私の家にいらした記念
D は単に歯に物がはさまったのを取った時の穴

人間の物に歴史を残すばあいは, おしり語を使うか, 人間にわからない方法で残しましょう。

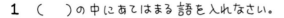

犬 の 問 題 集

1　（　　）の中にあてはまる 語を入れなさい。

　　　　どこの（　　　　）の　たね ともわからぬ

2　犬が昔のことを学ぶことによって新しい知識や見解を得ることを
　何というでしょう。

3　上野にある 芸術「つんさんの像」で つんさんが連れている人間
　の名前は何というでしょう。

4　犬のおしゃれに欠かせない ＴＰＯ。さて、○は何の略でしょう。

5　おわん法で地図を作るばあい、2度は何しっぽになるでしょう。

6　あなたのあたまがおやすみの方角に向いている時、しっぽは どの方角
　に向いているでしょう。

7　宇宙犬りモンチクさんが乗り込んだ ソビエトの人工衛星の名前は
　何といったでしょう。

8　福永シジンさんは、毎朝9時に おわん2杯のごはんをいただきます。
　ある日、となりのタローさんのごはんも 食べてしまいました。次の日のシ
　ジンさんのごはんの数を　ごはん算で求めなさい。

9　名曲「うたがっせんのとも」を作曲したのはだれか、次の中から
　えらびなさい。

　　　Ａ チャイコフスキー　　Ｂ オイモスキー　　Ｃ シベリアンハスキー

10　芸術「ハチさんは待つよ」の除幕式の時、当の本犬ハチさんは何をしていたでしょう。次の中から えらびなさい。

　　A ご主人のおはかのとなりのおはかに入っていた。

　　B まだ渋谷駅でご主人の帰りを待っていた。

　　C 除幕式を見ながら、大好物のけむりもくもくを食べていた。

11　1957年11月13日、朝日新聞でリモンチクさんの生死についての記事がとりざたされていた時、同じ紙上でリモンチクさんを心配していた有名なサラリーマンはだれでしょう。

─── 答えと解説 ───

1 もも。　人間は どこの馬のほね と言うそうです。

2 ワンコ知新。

3 たかもり。　ちなみに 姓は さいごう と言うそうです。

4 おしり。

5 2000 しっぽ。

6 おはようの方角。

7 スプートニク 2号。

8 2。　　毎日のごはんをxとし、タローさんのごはんをyとする。これを
　　　　ごはんの公式にあてはめると、

$$x - y = x$$

　　　　（毎日のごはんたべるタローさんのごはんは毎日のごはん）
　　　　毎日のごはんは2なので　答えは 2。

9 C シベリアンハスキー。

10 C。　ハチさんは顔なじみのけむりもくもくやさんと一緒に除幕式を見ていました。

11 磯野波平さん。

犬 の げいのう

げいのうも立派な学問のひとつです。技と美にみがきをかけ達犬と
なりましょう。

● 基本のわざ

・おすわり

・あくしゅ

・人間立ち

● 応用わざ

・うしろあめ あくしゅ

おいしいおやつなど
見えると、とてもやり
やすい。

・くんくるりん
(別名 白鳥の湖)

※ おちゃらか勝ち負け表

パートナー	犬	犬の勝○ 負×
左前足	左前足	○
	右前足	×
右前足	左前足	×
	右前足	○
左・右どちらでも	両前足	おあいこね

日本の伝統文化の けいしょう

日本に生まれ、育った犬として、日本の文化を伝えるのも、大切な仕事ではないでしょうか。私はここに せっせっせ を保存し、伝える会「全日本せっせっせ協会」を発足し、広く日本の犬のみなさまに せっせっせを たのしんでいただく活動も行いたいと思っております。

● たのしいせっせっせ (おちゃらかほい)

1 パートナー(人間)と図のように向き合う。
(大きな犬の方は おすわりでどうぞ)

2 パートナーと両手あくしゅをした状態で「せっせっせの よいよいよい」と唱ってもらいつつ、前足をふる。

3「おちゃらか おちゃらか」と、パートナーが唱う間、リズムに合わせて、パートナーの前足をたたく。

4「おちゃらか ほい!」で パートナーの出した片前足に、左右どちらかの前足を「ほい!」とのせる。これによって、勝ち負けが決まる。
※おちゃらか勝負け表は左下に

私の場合、勝ったばあいに おやつをひとかけいただくので、勝負はしんけんです。

● やってみよう　よろこばれる ふみふみダンス

実用的な げいのうは、見た目に なごむばかりでなく、体も きもち良くなるので 大変よろこばれます。人間の背中のほねが ぐりぐりする まめざわりを楽しみ、バランスをとりながら 2本の足で立つように おどります。
"のってけのってけ"と 鼻ずさみながら 行いましょう。

あー
そこだ
そこそこ!

のってけのってけ

わたくしの 研究の日々

私が日々どのようにして 生活を研究しているのか. ここでごらんにいれましょう。

午前中の私は ──

・起床とともに. まずたいそうをし, ごはんをいただいたあと, だっこしていただきます。

耳たいそうをしながら ヨーガも

う〜〜〜ん

1日のあたのしみは やっぱりごはん

私は以前 このようなおわんで
食事をしていたため, かまめし犬と
呼ばれていました。

今は「犬の生活」の印刷
うさぎのおわんです。こ
朝ごはんのる研究にも
力が入るというもので
(しかし. 今度はおみずがかま

ごはんの後はしっぴっします。編集者とのうちあわせもこなします。

や〜 こんにちは

ポピーさん.
　お手! お手!
原稿まだですか?

こんにちわん!
すみません
急いでやってます

いをがしく
ネコの手もかり
　くらいです

しっぴっは 長時間にわたると 犬しょう炎の原因
となるので. 午前中しか行いません。

けっ
けんきゅうか

後ともなれば 研究をいたします ――――

← 大きなつめたくとろりの紙と
小さなつめたくとろりの紙
による、つめたくとろりの残
量の比較。

「外出先で人間が何にさわって来たか
の研究。

そして、せっせっせを広める活動や ――――

さあ みなさん ご一緒に―！

← 向学心を持てば
ありとあらゆるものが
研究の対象です。

せっせっせーの　　　　　よいよいよい

には 犬生そうだん なども いたします。

「私は 家族と一緒になかなかごはんを食べることができません。
他の時も なんとなく仲間はずれにされているような気がします。
他の人よりも 毛深いですし、ひょっとして
私も犬なのでしょうか？」
ということですが、どうでしょうね

そうかもしれませんね。

では次の方。

「最近 太ってこまるのですが…

あら、この方は35才って書いてあるから、
もしかしたら "お父さん" という種類の
人間じゃないかしらね。

← 犬生の先ぱい
ほたるさん

ダイエットの
ごそうだんね

度となくこのような ぼうがいにあうこともありますが、困難をのりこえてこその研究者と
えるでしょう。みなさんも がんばりましょう！

学問をする時に 本は欠かせません。良い本は単に知識を豊かにするだけでなく、心も豊かにしてくれるものです。まだ世の中には犬の本はそんなに多くはありませんが、人間の本の中にも良い本はたくさんありますので、なるべくたくさんの本にしたしみたいものです。

ところで、私が今一番気に入っている本は 人間の母が持っているアルバムという本です。

ありありに撮った写真の中に、私の黒い鼻もあちこちにちりばめられ、とても楽しいものですが、なんといってもこの本のクライマックスは 表紙です。そのタイトルを読むたびに、私のまめはほんゆかと感動します。

「家族のアルバム」というこの本は、きっとあなたのおうちにもあるでしょう。 そしてその中には りっぱな家族の一員としてあなたの姿が見つかるはずです。

犬と人間のきずなは こんな所に見えるものなのです。

Special Thanks To：ブルドックソース㈱、ハーゲンダッツジャパン㈱

おまけ 犬の裏生活 － ポピーはこんな犬 －

こんにちは！　私はこの12年間ポピーの姉をつとめ、『犬の生活』シリーズでは絵を担当している津田直美です。おまけのページをまかされましたので、いつもは皆様に犬の生活研究家としての顔を御覧いただいているポピーが、普段どのような様子で生活しているのか、姉から見たごくプライベートな一面を御紹介致します。

あ゛〜っ、
ばらさないで

● 裏食生活

ポピーはとても小食です。普段はかりかり御飯をおわんに一杯ほどいただきます。しかし、いつも同じおわんでいただくのは面白みに欠けるので、「がっこん」を使用しています。

さらに最近では、がっこんした後に、いろいろなお作法を作り出して、楽しい食事方法の開発につとめています。

いろいろなお作法

1 何処かの角にのせて、転がったところを捕まえていただく。（ころころ法）
2 一つずつおてをしてからいただく。（おて法）

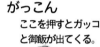

がっこん
ここを押すとガッコン
と御飯が出てくる。

わざわざ

3 自分のお家に運んでからいただく。（テイクアウト法）
4 すこし離れたふすまのしきいの上に運んでからいただく。（わざわざ法）

64

御飯は少ししかいただかないポピーですが、おやつにかけてはとても
どん欲です。
「おいしい」という人間語や、お菓子の袋を開く「カサカサ」という
音とともに、「ひとくちいただき隊」を素早く結成し、自ら隊長とな
って活躍します。
「犬はダメなのよ！」
と言う制止にもかかわらず、おて、おすわり、くんくるりん、ちょう
だいな等でいただきたい気持ちを主張します。
もちろん涙の訴えもかかせません。
それでももらえない時には、無理矢理ひざによじ登り、せっせっせを
強行します。
さらにダメな場合は「けりけり」など
という手荒な手段にまで及びます。

ほれ ほれっ

けり けり

けり けり

うぐぐ…

このように、おやつをいただくこ
とにかけてはとてもお行儀の悪い
ポピーですが、ほんのひとかけで
もいただければすっかり我に返り、
ありがとうのぺろぺろを丁寧にし
た後、普段の犬の生活研究家に戻
ります。

● おもて生活

かわいい 犬

普段のポピーの生きがいと言えば「ひとくちいただくこと」ですが、それと同じくらい重要なのが「かわいい！」と言われることです。人様にかわいいと言っていただくためなら、ニカニカ笑いも、舌ピロピロも、かぶりものも厭いません。

● うら生活

わりい 犬

人前では常に「かわいい」犬であるように猫をかぶっているポピーですが、母や私の前では、つい本音を出してしまいます。特に、もっと遊んでいたいのに、帰らねばならない時、悪い犬に変身します。自ら「わるい〜〜〜」と人間語で言いながらひっくりかえってだだをこねます。
その姿は、とても犬の生活研究家とは思えないだらしなさです。

わりわりらり

がるるるるる

わりぃ〜

がるるるるるるる

また
わりい犬
はじまっ
ちゃったよ

んがるぅ

がる
るるるる

ケシケシ
ケシ
ケシ
ケシ

らるぅぅぅ

犬の日常

犬の生活研究家

ポピー・N・キタイン 著

津田直美 画

みなさま　ごぶさたいたしました。犬の生活、学問ともども
お役に立っておりますでしょうか。

早いもので私が犬の生活研究家を志して、はや6年をむかえました。
犬の生活を出版いたしました当時は、まだ犬のための本という
ことに世間の認識も浅いものでしたが、現在は犬の方は
もとより、ネコの方や鳥の方、ハムスターの方、そして人間の方
までもが私の著書を読んで下さり、より犬に対する理解
を深めていただいていることに、深く感謝いたしております。

さて、今回は前著2冊のような学術研究とは趣を変え、私の
毎日の生活や思うことなど、つれづれにまとめてみました。

犬の読みものとしてのこの本を、日だまりなどでくつろぐ時や、ま
おるすばんなどのおともに楽しんでいただけたらと思います。

犬の生活研究家　ポピー・Ｎ・キタイン

ポピえり

まきまめ

うめ ほね

ゴミ箱

ポピーという名で
6さいで

みなさまはもうご存知でしょうが、私はヨークシャーテリアでございます。しかし、街行く私を「犬の生活研究家」であるとか、「せっせっせ協会会長」であるとか、そういった説明ぬきでごらんになるふつうの人間の方々は、決まって、「それ、何ですか?」と母に聞くのです。犬種偏見のない私にしてみれば、「その犬 何ですか?」と言われるのには少しも問題はありませんが、「それ」よばわりは犬としてのプライドをいたく傷つけられてしまいます。では、なぜそのようなことになるかと申しますと、それには色々こみいった事情があるのです。

ぴんと立つ耳

元気はつらつ

くるりとしたしっぽ

太い足

大きなまめ

姉の理想犬

● 理想の犬

津田家では以前に1度、犬を養子にしようとしたことがあったそうです。下の姉が通っていた高校の近くの家から、犬をもらうことにした一家は、「ワンサくん」という名前まで決めて、乳ばなれを楽しみにしていたのですが、運命のいたずらか、その犬はまちがってよその家にもらわれて行ってしまったのでした。

ワンサくん

しば系の
正しい日本の雑種

期待が大きかっただけにショックを受けた姉たちの心には、ワンサ君が大きくなったらこうであったろう犬の姿が、理想の犬の姿としてしっかりと焼きついてしまったのです。

そしてそれから数年もたったある春の日、上の姉は母と昭和記念公園に出かけ、お散歩中のしば犬を見るなりワンサ君を思い出し、その足でペットショップへと向かったのでした。

・その日の公園は満開のポピー

● ウン命の出会い

お店にあった 写真のいくつかは
「ヨーキーはモがのびる」の説明に使われた

ペットショップに入った時、すでに姉は失望をかくせません
でした。姉の思うような日本の犬はどこにもいなかったのです。
しかし、大きくまあるい目をして自分を見ている子犬たちを見
るうちに、この中のどの子かに決めよう！と心がだんだん
とかたまった姉は、小さなケージのひとつひとつをたんねん
に見てまわりながら、「うーん。うーん」と言っていました。
母はその横についてまわりながら「あっらー　かわいい‼」
「まーあかわいい‼」を連発していました。

しばな　ポメ

姉はとあるケージの前である事を思いつきました。
以前見たポメラニアンの角がりは、しばに似て
いなくもない。しっかりと教育すれば、このポメも
小さなしばとして立派にやって行けるかもしれないと。

姉が自分の思いつきに酔いしれ、今まさに「このポメラニアンにしますっ！」
と言おうとした時、すぐ横の床の上に広げられたサークル
の中の黒い物が、コロリところがりました。空のサークルの
中にある大きな犬のうんちが、実はこの私であることが　　　ねえ
ようやくこの母娘にも伝わった瞬間です。しかし、姉の　　　ポピー
認識は、まだ浅いものでした。「これ、ネズミですか？」

● ポピーという名

「これよっ！これよっ！この子にするの‼」私の黒く小さな姿にぞっこん
　まいってしまった母は、もう誰が止めても止まりません。
　あまりの思わくのちがいにガクゼンとする姉をしり目に
　　　　　「ねえ、ポピーちゃん！」と
　　　　　その場で勝手に名前まで
　　　　　つけてしまう母なのでした。

大きな犬のふんのようだった
幼い私　→

● しばの穴

家に帰って来てからというものが大変でした。
姉はその時になってむらむらと 日本の犬への
執着をつのらせ、お座敷 長毛 洋犬に対する
あからさまな嫌悪と偏見を、母に対しての
禁止項目という形にして表したのでした。

- パッツパッパンツは はかないこと
- 犬や猫や人形のついた服は着ないこと
- これ以上太らないこと
- 粉うきするほど化粧しないこと
- 犬をだっこして外をうろうろしないこと
- 犬に人間の子供（特に赤んぼう）に対する
  ような言葉で 話さないこと
- うちの犬は しば だと思うこと

といったわけで 私は ペットショップのお兄
さんの「せっかくなんだから伸ばしたら」説を否定
され、あくまで短毛の少し黒い小さなしば
として津田家に暮らすこととなったのでし
たが、生後 まだ 40日という幼なさでは、
何が起っているのか、自分では理解でき
ようはずもありませんでした。

うちの子
○○ちゃんは
体が弱くて

濃い化粧 →

きゃいん♥
きゃいん♥

ざます

染めた頭

色つき
デカメガネ

えさじゃない
フードよっ

たくま
肩の上
肩パッ

この子
おねだ

おとうさんの
おかあさんの
いもうとが
チャンピオン
でね

きゅうくつなくつ
外反母指

人形の顔

太っているのに
パッツパッパン
その上 ラメ

まんま

うんち

だっこ

しっこ

でた

チャー

しばだ しばだ
おまえは しば になるのだ！

何も知らずに しばとして育てられる
いたいけな 私

74

● ところがどっこい

そんな姉のきびしい決め事も 2・3日すると
忘れられ、(もともと母は パリパリパンツ族
ではなかった) かつて、子供を生んだ赤毛
のアンがそうであったように、以前は「バカ
じゃなかろうか」とまで言っていた赤んぼう言
葉で「ポピーたん、ごはんでちゅよー」
などと言いつつ私の世話をする母を、私も
いつしか本当の母と勘ちがいし、「それが
ねェ、年とってからの子はやっぱり可愛くて」
とまで言われるうち、いつしか私は人間で
あると すっかり信じてしまったのでした。
私は母のチョッキやシャツのボタンを おっぱいと思い
ちゅうちゅうしながら 幸せに暮らしました。

今では立派にだっこ犬な私

● あきらめぬ姉・そして チクワへの道・私の言い分

マルガリータな姿で走る私を
「小鹿ですね」と言う人も

すっかり甘え犬となってしまった私に
姉はそれでも、せめて形だけはしばら
しくしようと1ヶ月に1度、私の毛を
短く切っていました。そこにある日
「大きらい」な姉の友人が来て、のら犬
の毛を短く切ってチクワとして売るという
あこぎな商売が中国にあるのだ
という話をすると、姉はさっそく私
の毛をさらに短くして、マルガリータにし
てしまいました。チクワが日本の犬では
ないと姉は知らなかったのでしょうか。

姉はこんなくしで
私の毛をすいて
はさみでチョキチョキ
マルガリータに
いたします。

ちょっと毛がのびて
お目々がうっとおしい私
↓

もあれ、私はそれ以後 (2・3度ヨーキーっぽい冬もありましたが)
ョートカットで すごして来ました。それゆえ、ある時はカンガルー
る時はギズモ、そしてまたある時は何だそれと言われてまいり
したが、私がしばであろうとチクワであろうと、犬格に変り
あるわけではありません。人間の価値がもの長さで
らないのと同様、犬の価値も毛の長さでは変らな
ということを、早く理解してもらいたいものです。

じゃま

ね
切ってよ

わー！村山!!

村山って?
何？

つっぱってみた 私

誰でも、若く幼いころには、その若さゆえに色々と無分別な失敗をしてしまうものです。私とて、今でこそ犬の生活研究家として ささやかながら身を立てているわけですが、昔にはそれなりに未熟さゆえの暴走とでも申しましょうか、つっぱってしまった経験があります。これはとても おはずかしいお話ですが、みなさまや みなさまのお子様が このようなことにならぬよう、あえて 語らせていただくことに いたしました。

若さ!!

←─── 約3しっぽ ───→

その時私は 2才になったばかり。私の体長は約3しっぽ（約30cm）外見的には 今とほぼ同じで、ちがいといえば 頭のてっぺんをゆわえていたということぐらいでしたが、内面では 恐れを知らない若さが 私をかり立てていたのでした。

思えばその頃、私は何事にも自制がきかず、色々なきけんに出合ったものです。くるくるべとりをこうげきして反対にとらえられてしまったり、メキシコ チクチクと そうぜつなたたかいを くりひろげたのも
　　　ちょうど そんな時のことでした。

VS くるくるべとり

負け

VS メキシコ チクチク

勝ち

ある日、私は母の友人から牛という動物の
骨を おやつにいただきました。

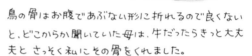
あかじ
あぉかじ
あかじ

牛
↓

鳥の骨はお腹であぶない形に折れるので良くない
と、どこからか聞いていた母は、牛だったらきっと大丈
夫と さっそく私にその骨をくれました。
牛の骨は私の歯に、とてもこたえが良く、力いっぱいかんでも
あぶなく折れるどころか、キズをつけるのもやっとなほどか
たく、私はしばらくの間 それこそ夢中になって歯ごたえを
楽しんだのでした。

← 鳥

|← 1.8 しっぽ →|

母は私があまりにも骨に夢中なのを見るうち、
もしも 残さず食べてしまうのなら、この骨は
おやつには 大きすぎたのでは と考えました。

そこで母は もっと小さな骨と とりかえようと、私の骨に手を伸ばしました。
私はとっさに母に骨を捨てられてしまうと感ちがいし、骨を全部パッ
クンと飲み込んでしまったのです。

まったくモ ー

ほんとにモー

77

私はもちろん、母も姉も あまりに びっくりしてしまって、私に何が起こったのか よく理解できませんでした。が、次の瞬間、私は文字どおり つっぱってしまったのでした。

ぴ————————ん

あーっ!!

うぐっ

えっえーっ!!

たぶん私の内部では、さっきまで幅をきかせていた"若さ"に代って"牛の骨"が幅をきかせてしまったのでしょう。

(想像図)

けぷ

けぷ

けぷ

きゃーどうしよう!

ゆーどうしよう!!!

なにぶん夜のことだったため、かかりつけのお医者さんは そっけなく

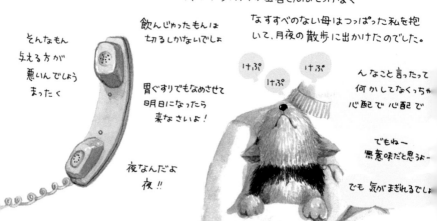

そんなもん
与える方が
悪いんでしょう
まったく

飲んじゃったもんは
切るしかないでしょ

胃ぐすりでもなめさせて
明日になったら
来なさいよ!

夜なんだよ
夜!!

なすすべのない母はつっぱった私を抱いて、月夜の散歩に出かけたのでした。

けぷ

けぷ

けぷ

んなこと言ったって
何かしてなくっちゃ
心配で 心配で

でもねー
無意味だと思うよー

でも 気がまぎれるでしょ

次の朝、私は自力で骨をはき出したので、あやうくお腹を切るのはまぬがれましたが、その後2度とおいしい牛の骨をいただくことは禁止されてしまいました。 つっぱったりして親を心配させてしまった者には、当然のむくいと言えるでしょう。

うわー 丸ごと出てる
よく出せたねー.

ほぼ丸ごと

いやだわー
ホントに まぬけなのね
この子はもう!

つっぱってしまった事件のあと、私はかかりつけのお医者さんを変えてみることにしました。 そして今はにっぱし先生にお世話になっています。先生にうかがったところ、私のような方は他にも大勢いらっしゃるとのこと。不用意につっぱったり、お腹を切るようなことのないよう、気をつけたいものです。

犬のみなさまへ ご注意

異物をのみこんでしまって病院に来る方はおよそ2通りです。原因の1つはポピーのようにうっかりおいしい物をのどにつまらせてしまう事。 おいしい物をいただくときは、お行儀よく ゆっくりといただきましょう。 特にお年寄りや歯の弱い方が大きな物をよくかまずにごくんとすると、のどにつまってきけんです。自分にみあった食べ物であるかどうかに十分気くばりをいたしましょう。 もう1つの原因は、食べ物ではない物をおいしい物と思って、まちがって食べてしまう事。人間が口に入れている物は、全ておいしい物と思いがちですが、 は食べ物ではありません。

このようなもの

また、焼き鳥(けむりもくもく)のくしや、魚を包んだ銀紙なども、おいしい味とにおいはしますが、食べ物ではありません。くれぐれも ご注意を。

罪 と 罰

つっぱってみることと同じように 何ひとつ良い結果を生まない
行為を罪と言います。 罪はまた. それ自体が無益であるば
かりか、おそろしい罰をともなうものです。

● ないしょで食べる罪は みっともない うんちの罰

毎日与えられるごはん以外の物や 食べてはいけ
ない物をこっそり食べてしまうと, 後でみっともない
うんちが出て, はずかしいことになります。
母の頭のももまく棒のまわりのスポンジを食べた
時には、水色のうずまきもようのうんちが、また
姉のおやつのアメを1缶全部食べてしまった時
には、のら犬のような まっ黒なうんちが出てしま
いました。友犬に見られてはずかしいことに
なるのはさけられたものの、おかあさんにみつかっ
て、おしりをぶたれました。こわい体験です。

● むやみやたらと研究する罪には わなの罰

こっそり洗たくしたての人間の皮
を研究しようとすると, いたくて
強力なわなにとらえ
られてしまいます。

いつまでも おやつを探して ふくろのどき
をしていると、ふくろから離れられなく
なってしまいます。

●他人の家をことわりもなくのぞく罪は きびしい罰

ふだんから 近づいてはいけないと、かたく言われている家がどうなっているのか、知りたい方も大勢いらっしゃるでしょうが、この小さい家にだけは 決して近づかぬよう、私からも 強くご注意いたします。

この家の床は ひじょうに ねばねばとした物でできているため、うっかり鼻など 近づけようものなら、大切な鼻まわりのモや ひげまでもが ぺったりとはりついて、人間のする どいハサミで切る 以外に救出される 方法のない 恐ろしい 物です。くれぐれも 気をつけましょう。

● その他にも 色々な罪と罰

↑
うにして思えば やさしかった
おしおき棒さん

昔、私がまだ小さかった頃に使われていた おしりたたき用のおしおき棒は、紙をくるくる巻いて作った 物でしたが、母の見ていないすきに バラバラにやっつけてしまったら、その後、母は前足で 私のおしりをたたくように なってしまいました。

↑
くしゅうの
一文字

おるすばんに ちくしょーと思って、げんかんに ふくしゅうのうんちなどした時にかぎって 帰って来た人間は、おいしいあみやげなど を私に買って来たりします。
こういった場合、自己嫌悪という罰 が下ります。

ごめんなさい
ネ

罪を犯してしまったら、すみやかに反省をいたします。
私の反省は トイレでの謹慎。
誠意をもって許していただけ るのを待ちます。

POPY's paw
ポピーズ　ポウ

さて、ここでは人間の読者のみなさまに、私の2人の姉による人間用のおやつ
の作り方をごしょうかいいたします。POPY's paw というのはポピーの前足
という意味。　私の前足を形どったおやつです。

●用意するもの

約30個分

・犬・

前足をかんさつし
形を知るために
犬を用意します。
なければ
「犬の生活」や
「犬の学問」を参照いたします。

犬のまめどうらく には
私の前足まめが 原寸で 描かれています

・おわん・

材料をかきまぜるのに使います。大きな犬のごはんに
使うくらいの 大きなおわんが 適して
いるでしょう。　私の使っているような
小さなおわんは、おすすめできません。

大きなおわん　　　　　　　小さなおわん

し お味見や こわれたクッキーのしまつなどに活やくするのも、やぶさかではありません。

- 粉　60g ·
- さとう　30g ·
- 薄く切ったアーモンドの実 ·

（·油をひいた紙·）

↑ほしぶどうがこげつきやすいので、できれば用意したいと姉は言っています。

·バター 40g ·

普通のバターでは しょっぱすぎるので、しょっぱくないバターを使い、塩を ほんのひとつまみ足しましょう。

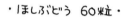

· 穴のあいた おゆん ·

粉をふるうのに使います。

· ほしぶどう　60粒 ·

言うまでもありませんが、お店で買って来た！ほしぶどうを使いましょう。道で拾ってはいけません。（犬の生活参照）

·針金でできた前足·

バターを かきまぜるのに使います。

· あまい 香水 ·

バニラオイル とか バニラエッセンスという名前のもの。5番とか19番はやめておきましょう。

· にわとりのたまご 1コ ·

中にある黄色くまるいところを使います。外側のかたいところと、中の透明などろりは使いません。

83

● 作り方

①　粉60gを　あなのあいたおわんでふるって 空気を入れておきます。

②　ほしぶどうを水で洗ってぬるま湯にひたして やわらかくします。

③　バターを おわんに入れて、針金の前足で やわらかくなるまで かきまぜます。

④　③に さとう30gを少しずつ入れて、白っぽくなるまで よく かきまぜます。

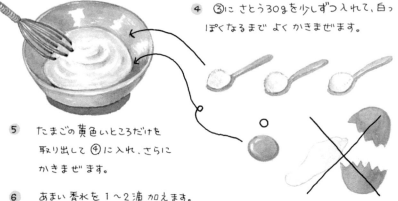

⑤　たまごの黄色いところだけを 取り出して④に入れ、さらに かきまぜます。

⑥　あまい香水を 1〜2滴 加えます。

⑦　⑥でできたものに ①でふるっておいた粉を加え、全体をまぜます。

⑧　⑦でできたもので、小さなおだんごを作ります。

⑨　②の ほしぶどうを取り出し、よく水気をふき取って 30個を図のように4つに切り

このような大きさのおだんご 約30個できます。

切っていないほしぶどうとあわせて おだんごに まめ形に 並べます。

（焼くと おだんごが 大きくなってしまうので 小さめに作るのが こつでしょう。）

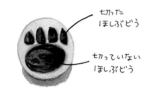

切った
ほしぶどう

切っていない
ほしぶどう

10 天板に 油をしいた紙をしき、 ⑨のおだんごを 並べます。

おだんごは
ふくらんで大きくなるので
十分な 間かくで
並べます。

※ ほしぶどうは下にして
まめがきちんと前になるよう
せいれつをさせて並べます

前
↑

11 薄切りのアーモンドの実を図のように切り、おだんごに差し込みます。

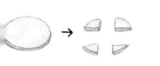

前
↑

アーモンド
↓

上から見た図　横から見た図　裏から見た図

12 150℃にあたためたオーブンで 約8分 焼いてでき上り！

あたたかい茶色い湯などとともにいただく
と、人間の口には とてもおいしく幸せです。

タゲこげてしまったり、ほしぶどうのまめが取れて
しまったものでも、犬は気にしないということを
ひとこと つけ加えておきます。　もちろん
　　　　　もしも、よろしければ、ですが・・・。

おひとつで
けっこうです

おひとつで！

人間は口のはしからぐるり

犬生山あり谷あり

生きてゆくということには、いっぱいの色々なものがつまっています。おいしいことや、たのしいこと、うれしいことなどの幸せも沢山ありますが、ときには まずいこと、もっと食べたいこと、かゆいことだってあるでしょう。犬生に悩みはつきものです。私も日々色々なことに悩みながら、それでも犬として前向きな犬生を心がけて行きたいと思っています。

● どうしてもできないことの悩み

みなさんにはわかっていただけるでしょう
私の グー チョキ パー。

しかし、人間にはわかりずらいというのでしかたなく おちゃら勝ち負けルールを作りました。

おやつの時にも、私の悩みはつきません。おいしいお水や牛乳を飲んだ時、お口のまわりについた分も楽しみのひとつですが、私は よくちびる及び鼻まわりについた分は おいしくペロリといただけるのに、下くちびるや あごについているのをどうやっても なめ取ることができません。ぐずぐずしていると、人間に紙でふき取られてしまうので、急いで前まめでぬぐってなめますが、そうすると量が少くなるような気がして、どうも納得いかないのです。

私は せっせっせが大好きです。あの「せっせっせーのよいよいよい」の歌声を聞くだけで、私の前足は「おちゃらか おちゃらか」と元気良くのびちぢみするのですが、楽しいおちゃらかおちゃらかが永遠に続いてくれれば良いのに、相手の人間は「おちゃらかホイ!」をどうしてもやりたがります。 そして、人間は私のジャンケンが いつも グーだと言いはって、何度もパーを出しては自分が勝ったことにしてしまうのです。もっとはっきりとした グーチョキパーができるようになるまで、残念ながら代用のルールで行うしかないのがつらいところです。

これをなめたい

なぜ犬は鼻の下から 左右にペロリペロリなのでしょう。

● なんでそうなるの の悩み

また、私はいわゆる胴長短足犬ですので、うしろ足がしっかりふんばれない、パンダずわりしかできません。このようなおすわりは、つるつるすべる木の床には不向きです。　うっかりしているうちに、おしりが どんどんすべって、行きたくもない 部屋のすみに自らを おいやってしまうことになります。

「おすわり！待て！」のあいだに部屋のすみに行ってしまった私とそれを探す人間

大きな方の
立派なおすわり
↙

私の
パンダずわり

あれー！？
ポピー
どこ行ったの？

と ふんばる足

ふんばるには 少し長さの足りない私の足

● みやぶられてしまう悩み

行動力に裏表がない正直なことは とても 美しいことですが、あまりあけすけに 欲望をさらけ出したり、だらしないところを見せるようなことをするのは 良い犬としてつつしみたいものです。ですから、どんなに おいしそうな物が目の前にあって、さらにとても おなかがすいていたとしても、私は マナーをまもって、大きな声を出したり

急に飛びついたりせず、おすわりをしてじっと待つわけですが、きぜんとした立派な態度とはうらはらに、私の中の正直さが水となって鼻や口から流れ出てしまいます。悪いことに、私の毛は ぬれると黒くなってしまうので、「ものすごーく いただきたい気持ち」が　人間にもはっきりとわかってしまうようです。おとなの犬としてのめんもく丸つぶれです。

どんなにきぜんとしていても 台なしな私の顔

役 立 つ 犬 と し て

「犬の生活」でも一般的な役立つ犬としての仕事を取り上げましたが
私自身も役立つ犬と言われるよう、日々 いろいろと努力をしています。

● つねに耳をとがらせ 鼻を光らせる

人間が不必要なものを購入しなかったか
おやつを探すついでに チェックをいれる。

おさんぽの時は、友犬のお便り
の収集のおりに、人間のよろこぶ
葉っぱなどを見つけてやる。

特によろこぶ変形の葉っぱ。

春ぼうず

ふくろを開く音が聞こえたら、中味の研究や
チェックがいつでもできる
ように、近くに飛んで行
き、待機する。

チェックいたし
ましょうか？

あったとさ

ぼっちゃんの実

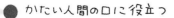

● かたい人間の口に役立つ

かたい口が人間を呼んでいる時、すぐ近くの人間を探して
知らせます。 また、人間が次の人間を呼びに行ってしま
う場合には、かたい口がたいくつしな
いよう、おもりをしてやります。

こがロ →

ポピーちゃん
元気？！

妙な形だが色々な人間
が声を出すことができる
かたい口。

かたい口の
おしりをなめ
はい元気です
ありがとうの
態度を示しつつ
おもりをする私。

(おもりのことも
人間語では
「ほりゅう」という)

人間語でのお返事は無理としても
気持は伝わるかもしれません。

● そして、こんな所でも活やくする私

下の姉の夫が私の※こちょ毛で"ばり"を作りました。 私のこちょ毛は立派に魚のえさとして役
立ち、「にじますのホイルやき」という、ひじょうに上等な人間のごはんができました。
このように、犬というのは毛の先までも役立つ生きものなのです。

沢田亨式 ポピモばり・

ウィング
ポピこちょ毛

AC100 #14

ボ
ディー
タイライト

テイル
フランクフェザー

※ こちょ毛
わき下に生える
ほかほかとした
やわらかい毛

ホリデイロッジ鹿留産にじます
↓

こういった場合、さすがの人間もめずらしくおしょうばん
を許し、ひとくち食べさせてくれました。

89

犬のしあわせ

私たちは毎日 美しいしあわせに囲まれて生きています。
おいしいごはんや 日だまりのおひるねなど, 考えただけでうっとり
するような 幸せですね。 このようなしあわせの しくみを 知って,
もっと たくさんの しあわせを うまく とり入れられるように なることが
犬の生活を研究する 私の目的と言えるのです。

● しあわせの つぼ

犬の体にはしあわせを感じるつぼがあります。つぼのある所を知っ
ていると、しあわせを感じるのに とても役立ちます。

・毛の 生えていない つぼ・ (ぷよぷよ物質)

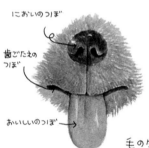

においのつぼ

歯ごたえの
つぼ

おいしいのつぼ

まめも立派なつぼ

犬の体にあるつぼのうち、自ら積極的に働く
つぼには 毛が生えません。 また、よく見ると
それらのつぼは 同じような やわらかな 物質で
できていることが わかります。
この 物質が ぷよぷよ物質です。

口の中は おいしいしあわせ
をじっくりと味わうために
毛は1本も生えていません。

まめも鼻もくちびるも
同じぷよぷよ物質で
できています。

毛の生えていないつぼは 力いっぱい 働かせましょう。

・毛の 生えている つぼ・

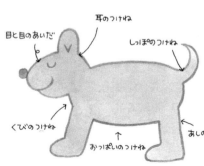

耳のつけね

目と目のあいだ

しっぽのつけね

くびのつけね

おっぱいのつけね

あしのつけね

毛の生えていないつぼとは 対照的に
外部からのしげきを受け入れるだけ
のつぼには 毛が生えています。
それらは 主に いろいろな つけねに
集中しています。

毛の生えているつぼを 働かせるには、
他犬や人間の協力が必要です。

・つぼをしげきする・

つぼを上手にしげきして、しあわせを味わいましょう。

骨をくわえる時には、口のはじっこのつぼにあたるように、奥歯でしっかりくわえましょう。
さらにくわえた骨を左右にふりまわすと、野生のしあわせをも感じることができます。

思いきり走ることで おまめをしげきしてみます。元気な犬としてのしあわせが体中にみなぎって来ます。鼻や舌で感じる風もまた 気持ちの良いものです。

耳のうしろなどを わしわししてもらうのも、とても気持ち良く しあわせなものです。普段からのきちんとしたコミュニケーションあってこそのしあわせと言えるでしょう。

しあわせ線

つぼに直接感じるしあわせの他に、体のあちこちで感じるぽかぽかというしあわせがあります。このぽかぽかを感じさせる目に見えない光線を しあわせ線と言います。
お日様がたくさんのしあわせ線を出していることは良く知られていますが、他にもいろいろな物が しあわせ線を出しています。

お日様の出すしあわせ線は遠くからでもとどく「遠しあわせ線」

・しあわせ線のありか・

おかあさんは体中のあちこちから、しあわせ線を出しています。特に おなかは お日様と同じほど強力なしあわせ線を放出します。

人間も体からしあわせ線を出しています。使ったばかりのクッションや ぬいだばかりの皮にも 多量のしあわせ線が残留しています。

人は いそぎんちゃく

くまのみ

●共生

くまのみ という魚は、普通の魚が決して近寄ることのないいそぎんちゃくというものになぜか親しみ、互いにたすけ合って生活しています。

では、なぜ、くまのみだけが、いそぎんちゃくに受け入れられるのでしょう。そこにはきっと、他の魚や他の生物には計り知れない何かが存在しているのです。自然のしくみというものは、このようにとても不思議なものですが、私はしあわせを研究するうちに、私たち犬も その不思議な自然のしくみに組み込まれているということをみつけました。私たち犬にとって、人間はくまのみのいそぎんちゃくのような存在と言えるようです。

いそぎんちゃくでしあわせになるくまのみ

・人間のふしぎ・

私たち犬が 感じるしあわせは、ふつう、前項でも述べたように つぼへのしげき及びしあわせ線の吸収で成り立っています。ところがとても不思議なことに、私たちは人間の出すある種の音波によって、「おいしい」「たのしい」「気持ち良い」とは別な、何かとても大きなしあわせを感じ取ることができるのです。
人間はまた、そのような音波を色々と出すことができます。

よーし
よーし

いいろ！

かわいい!!

おりこうね

人間の音波で しあわせになる犬

・犬のふしぎ・

ただねむっているだけで、人間をしあわせにできる犬

また、不思議なのは人間ばかりでなく私たち犬も、どうやら人間にだけ通じるある特殊な何かを発しているらしく、その力で人間をしあわせにしているのはまちがいなさそうです。まさに犬と人間のしあわせの相互関係。こういった関係こそ、共生のかがみと言えるでしょう。

●犬形と人間の皮

私たち犬は、人間といっしょにいられない場合に、無意識のうちに人間の皮などを身の回りに置いて、残っているにおいだけでしあわせを感じていますね。「犬の生活」で私は犬形の意味について疑問をなげかけましたが、どうやら人間は、私たちが人間の皮に対して抱くような感情を犬形に込めているようです。犬と共に生きられない場合に犬形でしあわせを感じている人間と、私の姉のように犬と共生していながら、あらゆる物に犬を発見してはよろこんでいる人間の2種類があるようです。

犬とのしあわせ相互関係を知ってしまった人間は、身の回りにあらゆる犬形を集めだす場合があります。特に自分と共生している犬と同じ犬形など発見した時にはしあわせのあまり軽い発作状態になってしまう人間もいるようです。

犬の本

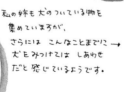
犬のついたえんぴつけずり

犬の皿

私の姉も犬のついている物を集めていますが、さらにはこんなことまでに→犬をみつけてはしあわせだと感じているようです。

クーパー
今日の君は
チワワに似とるな!!

Twin peaks episode 14

上司の犬音波でしあわせになる クーパー捜査官

日々のしあわせのために

・犬生はワンつうパンチ・

たとえば、おわんに1ぱいのお水があったとします。1日中ぐうたらと寝てすごしたばあいには、このお水はただのお水でしかありませんが、元気良くお散歩して帰って来れば、同じお水も冷たくおいしいしあわせとなります。

―― しあわせは自ら進んで手に入れられるものである ――――

私はこの大きな真実を発見して以来、積極的にしあわせを手に入れる方法にとりくんでいます。

● おるすばんの日

つらい犬の仕事の ひとつに おるすばんが あります。 以前の私はこのいやなおるすばんを、人間にやめてもらうため、トイレ以外でうんちをするなどの テロ工作で 問題を解決しようと試み、かえってふしあわせになっていたものですが、今は しあわせ線を上手に利用して、 さみしいおるすばんにも、しあわせをとり入れることが できるようになりました。

人間の皮にくるまれているとだっこしていただいているしあわせがよみがえります。

しあわせワンにゃ　あるいてこない　だっからあるいて ゆくんだねっっ!!

ワンつう

ワンつう

ワンつう

ワンつう

・犬も歩けば棒にあたる ―― 犬は積極的にしあわせをつかもう！
　　　　　　　　　　　　　　　　　　　　　　　ということわざ。

● きねん日を 大切にする

私は 毎日が 同じ 単調な 日のくり返し
とならぬように、ときどき 特別な 日
をお祝いしています。 1月1日の犬の日
や 5月3日の 犬宝記念日などの祝日
はもちろん、誕生日や 耳の立った日な
ど、プライベートな きねん日も おろ
そかにせずに 祝います。

いつもは 6つにちぎって
食べるジャーキーや

小さくくだいて味わう
ビスケットも

きねん日には
特別に、ぱくりと大きく
ひとくちでいただきます。

● めいしんに とらわれない

信じても楽しいめいしんならば 問題ありませんが、
えんぎの 悪いとされるめいしんは たいてい 意味のな
いもので、信じるところに 少しの 良いところもありません。
「太った人間が 前を横切るとえんぎが 悪い」という
のは よく言われるめいしんのひとつですが、私のように
太った母と暮らしている犬が それを 気にしたら、毎
日が えんぎが 悪いということになってしまいます。
くだらないことに 気をもまないのも しあわせのひ
けつと 言えるでしょう。

ME ?

人間のめいしんでは 黒いネコが 横切ると
えんぎが 悪いと言うそうです。これだけでも
めいしんに こんきょのないことがわかりますね。

● わかち合うしあわせ

そして しあわせは 自分で ひとりじめせず、他犬や人間とも
わかち合います。日ごろ 私をしあわせにしてくれていること
への 感謝の 気持ちを込めて、何かおかえしするのも
気持ちの良いものです。

ぐげっ

すやすやと おひるねをしている 姉に。日ごろのお礼
に しあわせ線のみなぎる 私のあったかなお腹や
おしりを なめさせてあげます。姉は 大きな ほえ声
をあげて よろこんでくれます。

犬 の 日 の よそおい

お正月ちゃんちゃんこで ちんちんを決める私

● 正月犬 ちゃんちゃんこ

普段、必要のないおしゃれはしない私ですが
お正月、特に元日の犬の日（ワン・ワンの日）
だけは おしゃれをいたします。

素材は日本の犬らしく 和風の柄のちりめん。
人間の手芸店などで売られている"ハギレ"と
いう布と、裏に"ざぶとんの残り布"というもの
を使用し、中にはあたたかな"だっしめん"を
少し入れています。えりまわりには人間の頭
をゆわえていた"リボン"というものを使用してい
ます。

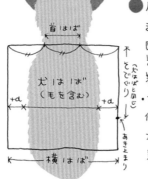

原 型

● 原型をおこす

まず、かたがみを作るための原型をおこします。
図のように背中から犬はば（毛を含む）をはかり
その左右に 3〜4cm のよゆう（+α）を足します。
着丈はお好みの長さで。

・ちなみに私のサイズ・

体重 1.7kg　身長 30cm（約3しっぽ）

犬はば 12cm　　　横はば 20cm

着丈は 20cm です。

〔原型図内のラベル〕
首はば
犬はば（毛を含む）
+d　+d
着丈
横はば
不とうびっぴり（犬なりと同じ）
あきどまり

かたがみ

うしろ みごろ

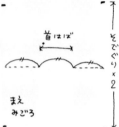

首はば

そでぐり × 2

まえ
みごろ

← 横はば →

図のようにかたがみを作り、布を切ります。
おもてぬのには すそに3cm、わきに1cmの ぬいしろ、
うらぬのには わきに1cmの ぬいしろをつけます。

おもて ぬの

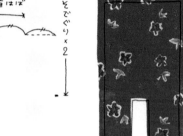

うら ぬの

おもてぬののくびの
ところを切ったぬのでひ
ひもを 2本作ります

① おもてぬのとうらぬのを
中おもてにして、そでロを
ぬい、切り込みを入れます

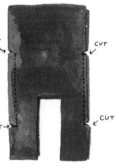

CUT

CUT

すそを おもてぬのを 3つ折りにして まつります

② ひっくり返して わき下を
ぬいます。

③ うすく広げて かたがみどおりに
切った だっしめんを 中につめます

⑤ えりぐりを リボンでくるんで まつりつけ、ひもを
つけます

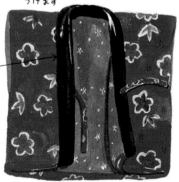

サテンの黒い
リボン
(5cmはば)

でき上り !!

ひなたぼっこをしながら、母の顔を つくづくながめます。

目の上の毛が、私を見る時、ぐぐっと顔のはじで下ります。

何度見ても 妙な所にある毛です。

「おかあさん、どうして毛が生えるの？」

「さあ。 たぶん、とってもだいじだから 毛が生えるのね」

母はそう言って またぐぐっと目の上の毛を下げながら

やさしく 私の毛深い背中をなでました。

私は おかあさん が大好きです。

Special Thanks To:
アップルコンピュータ㈱、㈱太田胃散、ライオン㈱、
日清製粉㈱、コイケヤ㈱

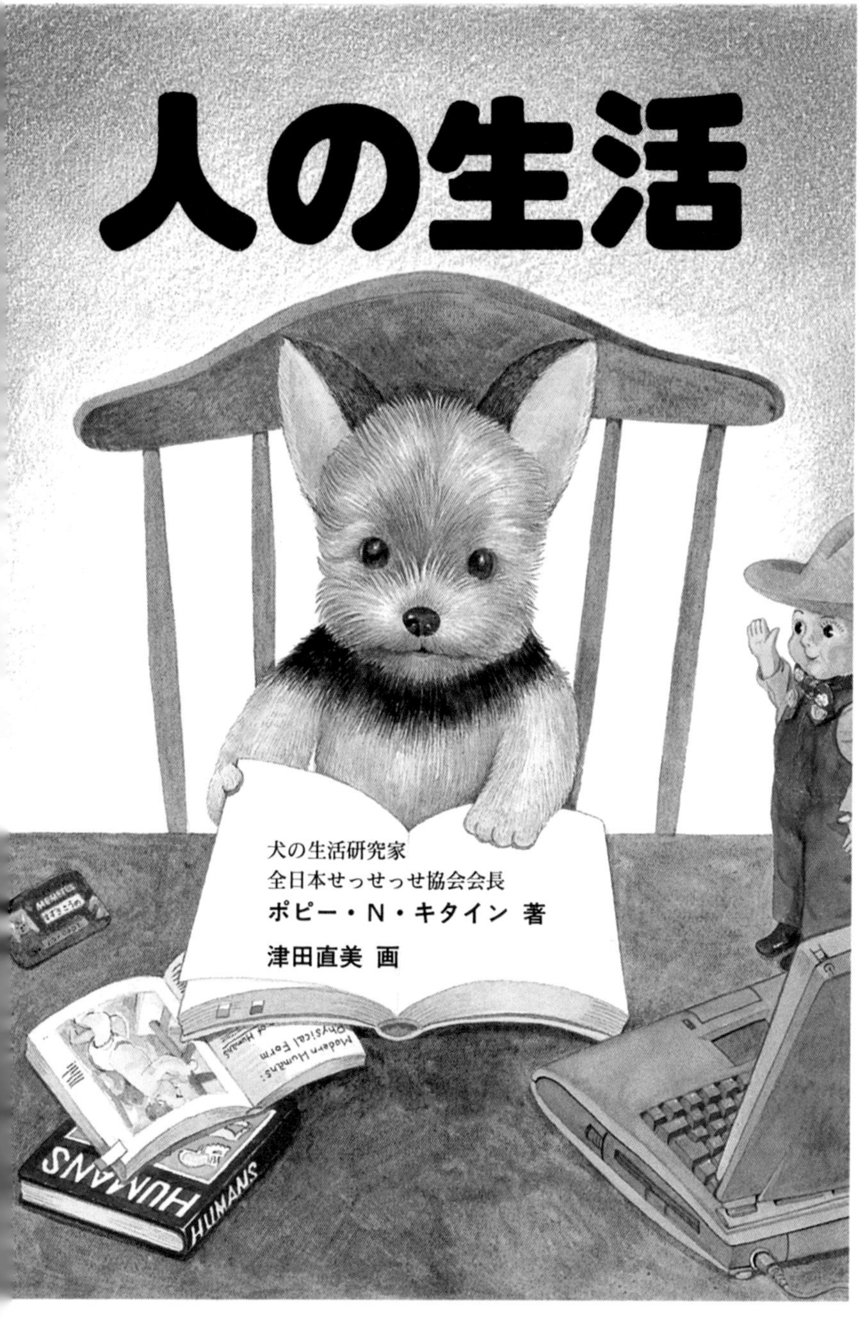

人の生活

犬の生活研究家
全日本せっせっせ協会会長
ポピー・N・キタイン 著

津田直美 画

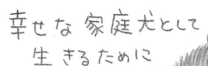

幸せな家庭犬として
生きるために

ペロペロ
いたします？

相手をとっても好きだと思う
とき、あなたなら
どうしますか？
もちろん、
その相手の
においを嗅ぎ
おもいっきり鼻の
頭を、ペロペロしてあげますね。
すると、たいていの場合、相手もおかえしに
ペロペロしてくれて、お互い幸せになります。
けれど、どんなに気持を込めたペロペロであっても、
人間は決して私たちにおかえしのペロペロをしてくれ
ません。どうしてなのでしょう。彼らは私たちを愛しては
くれないのでしょうか。
いいえ、ちっとも悲しむ必要はないのです。
彼らの愛情はペロペロとなって表れませんが、私たちの頭を前足で
こすったり、体をぎゅっとかかえこむなどすることで表現されます。
人間は私たち犬とは ちがって いるのです。
私たちは、ごかいのない明るい生活をおくるためにも、もっと人間をよく知り、
理解するよう努めましょう。　本書が少しなりともそのお役に立つことを
ねがいます。
犬の生活研究家
ポピー・N・キタイン

も く じ

犬と人間の ちがい

◀解剖学的なちがい▶

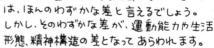

犬と人間は同じ "おっぱいで育つ生き物" ですので、花や草のように "水で育つ生き物" や鳥のように "虫で育つ生き物" のように、私たち犬と全く異なった形をしているというわけではありません。

頭1つ、足4本、舌、鼻、口、それぞれ1つ、それに鼻の穴、耳、目が2つずつという基本的構造は全て同じようにできています。

このように解剖学的に言えば、犬と人間のちがいというのは、ほんのわずかな差と言えるでしょう。

しかし、そのわずかな差が、運動能力や生活形態、精神構造の差となってあらわれます。

同じ 生き物でも 形がまったく ちがう
犬と いもむし。

形は まったく ちがうのに どことなく 似ている
犬とパンジー

● 前足・うしろ足

最大のちがいは前足でしょう。

人間の前足はうしろ足にくらべて発達がおそく、生涯 地面にはとどきません。

したがって人間はうしろ足だけで走らねばならず、その速度は 犬の半分以下、きょりは お話しにならないほど みじかくしか走れません。 また、足のうらには まめがひとつ※

↙前足

まめがない →

て と書いてあるので
人間の前足を "て" と言うらしい

↙うしろ足

人間の うしろ足は 前足とともに 足うらに まめがないので、足をまもるために 必ず 皮をつけ

● おっぱい

人間には おっぱいが 2つしか ありません。
当然 1度に 生んで 育てられる ひなの数は とても
少なく、そのため、なるべく 多く はんしょくできる
ように 1年中 はつじょうします。
メスは オスを はつじょうさせるために おっぱいを
よせて上げ、オスは メスを はつじょうさせるために
冬の モモテコを がまんします。

おかあさんまめがあれば
ひとりでも さみしくありません

● 口、鼻

人間の舌は とても みじかくて、たいてい鼻まで とど
きません。　そのため、いつも 鼻を 美しく ぬれた
状態にして おけないので、嗅かくは とても 弱
くなっています。

※ もありません。ときおり 人間の体は 必要に
せまられて、何とか 水などを出し、即席のまめ
を作って 急場を しのぎますが、恒常的に ま
めを 維持するまでの 進化をするには、まだ
1000年以上は 必要でしょう。
また、特に 自立に 必要不可欠な おかあさん
まめ が ないことが、 人間の 精神的成長
を いちじるしく 遅らせる 原因と なっているのは
あきらかです。

生まれて 半年でも 立派に 自立する
西山 コロ さん

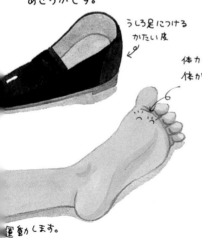

うしろ足につける
かたい皮

体力にみあわぬ 過度な 運動など すると、
体から出した水をためて、まめを作る。

大きなメスは ときおりこのような
運動性のない 皮をつける

よく見ると
まめがある！

運動します。

103

人間の成長

ふつう、私たち犬のように進化した生き物は、この世に生まれおちると
すぐ、本来の姿にすみやかに成長します。

しかし、進化のおくれた人間は、その成長もおそく、人間として
完成するまでに、とても長い時間を必要とします。

● こいぬ

犬のひな
親のおっぱいで育つ
完全ではないが
毛も生えている

すみやかで スキのない 犬の成長　ひなからすぐ成犬へ

ばぶ
ばぶ

● あかんぼう

人間のひな
親のおっぱいで育
毛が生えていない
歯も生えていない
地面に足がつく

➡ P

犬はこいぬ（ひな）からすぐに 地に足のついた
成犬となります。人間は あかんぼう（ひな）
から こども（大きなひな）、わかぞう（小さなおとな）、
おとな、へと 次々に種類を変え、
進化してゆきますが、 全ての足が
地につくまで進化することはでき
ません。

よいしょ
！

● こども　→

ひなの少し成長したもの
おっぱいを やめる
歯や毛が少し生える
前足は まだなんとか 地面にとどく

➡ P111

● わかぞう

毛と歯が生えそろう
ときどき たてがみの生える 種類もある
毛の色が変化する場合も ある
夜行性
前足はとても 地面につきづらい

➡ p112

やってらんない
だるーい

● 成人間

人間の完成した姿
毛がなくなったり、毛色が白くなったりする

おとな でおじさんになった人間は おじーさん
になり、おばさんは おばーさん となる

早朝に活ぱつに
行動する ➡ P116

● 成犬

毛、キバ、歯、つめ など
全てがそろった
美しい姿になる

ピタ
ピタッ!
ピッタ

↑　　　　↑
立派にピッタりと 地に足のついた
成犬 と 成人間

ピタ
ピタ
ピタ

んぐぐぐ..

ように
こしっぽが
えることも

前足はちっとも地面にとどかない

● おとな

身体的に十分成長した人間
しばしば成長しすぎる

おとなになると 性別により
名前が分かれる。

オスは おじさん、メスはおばさん
となる。
また子供ができた場合には
オスは おとーさん
メスは おかーさん となる

➡ P114

行動と知性

かわりにしっかりと しるしつけを して やりましょう

◀ 人間の行動 ▶

● むれ

人間は小さなむれで行動しますが、1匹の人間は時間に
よってそのむれを変えるという奇妙な習性を持っています。

家と呼ばれる巣の中には、おおむね血縁のあるむれを作りますが、巣の外には
それぞれの仕事にもとづいた別のむれを作ります。(ガッコウ・カイシャ・イドバタカイギ 等)

ボスは、そのむれの中でボスであっても、他のむれにおいても ボス
であるとはかぎりません。

むれの行動するはんいが なわばりとなりますが、
前足が地面にとどかず不安定なため、しるしつけは
原則としてできません。

このむれの場合

おとーさんは巣のボスだが
カイシャでは ボスではない

こどもは巣ではボスではなし
ガッコウ では ボスである

● なわばりあらそい

家と呼ばれる巣のむれは、オスとメスの つがいが基本になります。つがいは
オス1に対し メス1と決まっています。 時々その数が かたよる場合もありますが、
どちらが多くても なわばりあらそいが おきます。

106

◀ 人 間 の 知 性 ▶

私たち犬はすみやかに成長し、それとともに知性も成熟します。ほぼ半年のうちに、自ら生きるすべを含め、世の中の大切なことのほとんどを学び終え、その後の犬生で、さらに知性にみがきをかけることができますが、人間は体の成長と同じに知性の成長もおどろくほど遅く、知性的になるには気の遠くなるほど時間がかかります。たとえば自分のなわばりの中で、ど↘

なたぼっこは　知性のレクリエーション

※の場所が最も快適な温度であるか、などの簡単なことさえ、おじーさんやおばーさんにならないとうまく見つけられません。

また、人間はしばしば物へのしゅうちゃくによって、知性の成長をおくらせてしまいます。一番多いケースはこのような紙を集めることに→夢中になって知性をなくしてしまうこと。

特にわかぞうやおとなはこの紙に気をとられてごあいさつや感謝など基本の知性を忘れてしまうことが多いようです。

この紙がもとで、どんより（➡P125）にかかってしまうこともあります。

たとえるなら、とってもいてもくさらないごはんのようなものだという紙。犬にとってのホネのようなものということなのでしょう。

紙の他にも けものの皮やひかる石・大きな道具や巣など人間がおちいる しゅうちゃくしたい物 は色々

私たち犬は、幸せに生きるのには何が大切かを、態度で示して見せてやることを心がけねばなりません。

おー・今日も良い天気だーっ

あー・しあわせーっ！

人間のふしぎ

◀ **はずかしい 気持ち** ▶

人間はときとして私たち犬からすると、とても奇妙な行動をとることがありますが、それは特異な"はずかしい気持ち"に基づいています。この人間の"はずかしい気持ち"は私たち犬の"はずかしいこと"とは、だいたいにおいて全く正反対です。

同じむれの中で家族の一員としてくらす私たち犬は、人間の"はずかしい気持ち"を理解し、ゆるしてあげなければなりません。どんなにはずかしい、みっともないことをしていても、人間のほとんどは、まだ成長の途中にあって、本当にはずかしいことがどんなことか、まだ理解できないだけなのですから。

● **体について**

私たち犬にとって、他犬にお見せできないような　ひんじゃくなうんちや、きたないおしりはとてもはずかしいことです。

りっぱなうんちは 健康の しるし

しっぽを くるりと まいて 見ていただける
きれいな おしり

しかし人間はうんちやおしりを見せることがとてもはずかしいと考えます。うんちはひそかにどこかに捨ててしまいます。

おしりはAのように皮で かくすか Bのようなもので 見えなくしたり、Cのように 四角く チカチカさせて 見えづらくします。

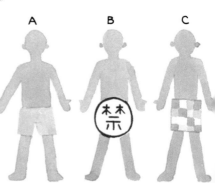

A　　　B　　　C

● 感情の表現

ストレートに気持を表現することは正直さと熱意の
あらわれですが、人間はそうとは思わないようです。

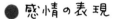

うっわー、
好き好き
好きっ!!

ねっ
愛してる! ♡

情熱的なっ!

あらっ♡

んまーっ、
はしたないっ、
!!!

ぼくらの
子供作りません
かっ!!!

OK!

● 食生活において

今日も私のおわんは
きれいに
ピッカピカ

こらっ!
お皿なんか
なめてはダメッ!
まったく
おぎょうぎのわるい
!

おいしい物を残すことはたいへん
みっともなく、しつれいなことですね。

さあ
残ったものは
あとでおいしく
いただきましょ
ウフフ‥

しかし、人間はおわんを
きれいになめとったり、食
べきれずに残った物を
あとできちんと食べるこ
とを はずかしい と考
えます。

あら、今日はね
お昼ごはんは
残りものなの
はずかしいから
見ないでね
やだゆーっ

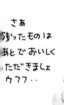

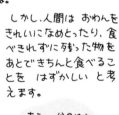

109

人間の ひな

◀ あかんぼう ▶

あかんぼうは 全体として とても やわらかく、あたたかくて おいしい おっぱいのにおいが します。（もちろん 食べ物では ありません）

もともと 大変 弱い 生き物である 人間の中でも、最も 弱い 種類です。
あかんぼうだけでは 生きてゆくことすら できません。

● あたま

毛は ここにしか 生えていないが、とても うすい
だんだんに 多くは なるが、首を動かせるようになると 後頭部が すり切れる

● 耳

小さく 穴のまわりに つぶれている
成長しても 長く なったり立ったり しない

● 鼻

小さく白い

よく このような 音を出す
音に 意味はない

バブ！

くびれ

● おしり

人間は 自分のひなの うんちを なめ取ってやろうとは しません。
かわりに このような 反で おしりをくるみ、しばらく よごれを保存します。
ぶけつな 方法です。
きっと このせいで しっぽが 生えてこないのでしょう。

● 前足

ひどく くびれているが 輪ゴムを はめているわけでは ない

● 体

体毛が ない。
全身が クロコダイルの おなかのようだ

● あごした

人間の ひなは 口から とても たくさん 水を出します。
この水を 親は なめ取るかわりに このような 反で せきとめます。

B わっかちゃうちゃ

あかんぼうは 人間のなかでゆいいつ 前足を使って 歩くことが できます。 しかし、せっかくの4足歩行に 適した 美しい プロポーションも、1年ほどで うしろ足が みっともなく 長くのびてしまい、前足が 地面に とどかなくなってしまいます。

C あぐあぐ

A おっぱいビン

人間は おっぱいが 2つしかないので 時々 このようなビンで 足りないおっぱいを おぎないます。

おっぱいもどき
おっぱいの かわりに 使用します
B、C のような 形を しています
人間の おかあさん まめですね。

◀ こ ど も ▶

あかんぼうのうしろ足がのびたものを
こども といいます。
歯も生えそろい、おっぱいを飲むこと
をしなくなります。
うしろ足だけで活発に動きます。
学問をはじめるようになります。

いっしょに あそぼうと
言っている。

あそぼー

D あたまの皮

● **あたま**
毛が生えそろう

● **耳と鼻** あいかわらず小さい

● **体**
あいかわらず毛は生えて
いない。
プードル状態のまま

E かたい手の皮

前足でボールをうけとめるための皮
うしの皮などで できている

● **おしり**
自分でおしりのしまつができ
ますが、時々 夜などに
おしっこをもらしてしまうことが
あります。
"はずかしい気持ち"がめばえ
おしりを見せなくなります。

F ゴムの足の皮

主に 雨の日に
使用する足の皮

● **うしろ足**
足のうらにまめがないため、歩くための皮を
色々 用途に合わせてとりかえる。

こどもは 犬より大きいです!

こどもは人間の中では じいさん、
ばあさんについで知性が発達
しています。ごあいさつや お礼
をきちんと心がけることができま
すし、犬と会話ができるものもい
ますが、なぜかさらに成長すると
しばらくの間、そういった知性は
うしなわれてしまいます。

111

大きく なりかけている 人間

◀ わかぞうの オス ▶

（たてがみ族・あまり多くいない きしょう例）
（夜行性　犬にあこがれ くびわをする）

わかぞうはこどもに毛が生えたもの。
わき下や うしろ足の間などに
毛が生えます。

毛が生えたうれしさのあまり、
自分はすでに十分成長した
と思い込むものもいます。
モンダイイシキ とひきか
えに. 知性が なくな
ります。

● 体
まだらではあるが 毛が生える
オスの方がメスにくらべて 量はタタイ

オスは顔にも毛が生えますが
なぜか　とってしまいます。

まねはしないように
いたしましょう

ムカツクゼ!!

とっても気分が すっきりしないと
言っている。
道ばたの草を食べて 気分を良く
するすべを 知らないようだ。

● あたま
族によって毛の生え方に大きな
差がある。図のように あざやか
な色のたてがみが生えるものも
まれに見られる

● 顔
わかぞうは 顔にできものが できやすい

わかぞうのオス
ぼんやり族
（よくある例）

高校生

● うしろ足
強くにおう
鼻どうらくには
むかない

わかどうはオス、メスともに身につける皮を気にします。人とちがった見はえをとても気に入ってしまいますが、全体の形としては他と同じようにしないとはずかしいと思うので、結果的に全てのわかどうが、同じ所で少し変な形になってしまいます。　だれかがヘソを出すと、みんなも出します。

◀ **わかぞうのメス** ▶

あたしもー
もぉー　トシだしー

● あたま・顔

あたまに生えるモのかたちや
顔の皮をとても気にする。
目の上の毛をぬいてみたり、
皮全体に色をぬったりする。

まぶたに生えるモを
まげている

自分はもう若くはないと言っている。
本当にそう思っているわけではない。
あと60年ほど生きると知っている

● 体

オスと同じく、毛が生えるが
せっかく生えたこちょ毛は とってしまう。
もちろん、つり針は作らない。
うしろ足の間の毛は をりおとさない。

頭から
しっぽを生やす
ばあいもある

スにも ぼんやり族が
る。
そういったメスの場合、
しろ足の毛などは そのまま
えていることが多い

G　おっぱいの皮

● おっぱい

メスは わかどうになると、おっぱい
がはれてくる。子供ができなくても
はれてくる。
2つしかないおっぱいは、じゅ乳中のよ
うに大きくはれたものが 良いとされる。

よりはれて見えるよう
Gのような皮で
よせてあげる。

● うしろ足

メスの場合、うしろ足は細くて
長いほど良しとされる。
毛なビは きれいに
ぬきとる

● 爪

前足もうしろ足も 爪に色をつける
特に前足のつめは するどくとがらす。

大 き な 人 間

◀ お と な の オ ス ▶

（ほたる族
営業科 サラリーマン
おじさん・おとーさん）

おとなになると わかぞうを
やめて、自分でごはんを食べ
ようと はたらきます。

やがてメスとであい
新しい巣とむれを作ります。

ひなができると
オスは おとーさんと
名前を変えます。
時に、私たち犬と共にくら
すことで、自ら おとーさんで
あると主張することもあります。

そういう場合、まるで犬を
自分のひなのようにあつかい
ます。

ほーら・おとーさん
帰ったよー・
　　ただいまーっ！

いい子でちたか
　　　？

かたい皮は 私たちの鼻のように
いつもピカピカが
よいとされる

足はとても にあう.

● あたま

体の毛はどんどん多くなるが、
あたまの毛が だんだん 少くなる
場合がある

そういった場合、残った所から毛をもってい
あたかも何もなかったようにするか
（たいがい、何があったか わかってしまうが）

毛皮をかぶるなどする
（決や体の他の部分用の毛皮
　　　　　　　　　　　ないよ）

● モモテコ

冬、寒い時にいつもうしろ足に
つけている皮の下につけるもうひ
とつのひみつの皮。
これがみつかると おやじといっ
別の名で呼ばれてしまう。
それをきらって、寒さをがまんす
ものもいる。

オスはくびわをたくさん持っ

● うしろ足

おとなになると毛が多く
なる。時々 私たち犬のよう
な立派な毛並になるものも

鼻どうらくは最もキケン！

H ぬのくびわ

114

◀ おとなの メス ▶

（ おばさん・おかーさん ）

おとなのメスは主に巣を まもります。
むれの 生活を サポートします。
ひなが できると おかーさんと
名前を 変えます。

せんたくをして、みんなの 皮を せいけつにします。

私も トシだから..

← そうねと言うと ゲキドする。
「そんなこと ないですよ」と言えという意味

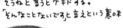

おしり・おなか

おとなの メスは しばしば おしりと
おなかが 成長しすぎて しまいます

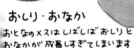

きつい皮

成長しすぎた おしりや おなかは
のような皮で しめつけて、
あたかも 何もなかったように します。

わ

特に好きなものは
わ です。
耳・首・前足・前足ゆび・
ときには うしろ足にも
わ をつけます。
鼻にはしません。

← ぬいつけて ポリたい わ。

● あたま

オスほど 毛のなくなるものは
いませんが、
毛色が 白くなるのを とても
気にします。

● 顔

わかぞうの メスだった ころから
していた 色々な さいくを さらに
強力に 行います。
原形が わからぬほどに なることも。

● あったか線

おかーさん は犬も人間も 同
じです。
ひじょうに 強力な あったか線で
しあわせな 気分にしてくれます。

おかーさんの出す あったか線は、
犬にも人間にも わけへだてが ありません。

成 人 間
完成 された 人間 の かたち

◀ 人間 の オス ▶
（ じいさん ）

じいさんとは おじーさん
ばあさんとは おばーさん
のことです。 おじさんが
成長し、色々なことを学
んで、ようやく立派になっ
たという意味で、おじさ
んに棒を一本加えてでき
たことばが おじーさん
です。
おばーさんも同様に、お
ばさんが成長したという
こと。
このように成長してようや
く、人間は私たち犬と
同じレベルの知性を身
につけることができます。

これでうんち語さえできれ
ば人間も動物として完ぺ
きなのですが・・・。

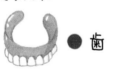

● 歯

おどろいたことに 歯が はず
せるようになります。
これ ばかりは 犬は もとより
他の動物には はできません。

私・しっぽ はずせるワ！

でも、もう1度はめることは
できませんね。

● あたま

毛色がだんだん白くなる
毛がすっかりなくなることも

● 目

視力は 弱くなるが
ガラスの目をつける

草や花の名をたくさん知
ることや、日なたぼっこのコツ
など、基本的な知性
を身につけることがで
きるようになる。

● 皮

よけいな "はずかしい気持ち"
にまどわされず、気温の変
化に正直に皮をつけるように
なる。冬にはJのような、あ
たたかな皮をよろこんでつける

● うしろ足

あしうらに感じる地面の気持ち
良さにもようやく気づき、ゆっくり
歩くようになる。

J ラクダ
モモテコの〜種

116

◀ 人間 の メス ▶

（ ばあさん ）

人間もじいさんやばあさんになると、私たち犬の
言葉を よく理解できるようになり、良い話し相
手となります。

おや そうかい
おまえさんは もう
　8才になったのかい
　　へーえ
人間の年で いうと
わたしと あんまり
　　変らないねェ

人間の成長が
ひどく 遅いということも 知っている

● あたま
↓
毛色が白くなる

● 顔
顔も あまり ぬったり
はたいたりしなくなる。

● おっぱい
はれが ひく。
よせて上げる皮は
使わなくなる。

精神的にようやく私たちに追いつくまでに、人間は
あまりにも長い時間をついやしてしまいます。

その結果、もともと 運動性にすぐれていないこともあって
ますます 弱い動物になって
しまいます。

より いっそう 気くばりをして
守ってやりましょう。

｜ほら！
石があるから
気をつけてね

あいよ！

人間の行動

人間は 毎日 時間によって 決まった行動をします。

◀ 朝 ▶

● おふとんから出る

だいたいの人間は 朝になると おふとんから出ます。
じいさんと ばあさんは さすがに 体内時計も しっかりと
できているので、すみやかに おふとんを 出るこ
とができます。しかし、その他の人間は
おふとんを出るのを 大変不得意としています。
他の人間（特に おかーさん）に てつだってもらったり、
Kのような道具などを使って なんとか おふ
とんを 出ようと 努力します。
しかし、いつも どたん場で 1秒でも
長く おふとんで ぬくぬくしようと あが
きます。特に わかぞうは
夜行性のため、なかなか おふ
とんから 出たがりません。

人間の目をさましてやるのも
犬の仕事の ひとつです。

じりじりりは、朝目をさますために使う道具。いつも同じ時間に大
きな声を出しておふとんを出るよう 知らせてやっている。
人間は 自分から望んで じりじりりに大声を出させているのに、
きまって 「うるさいいいっ！」と しかりつけたり、何度もたたい
て声を止めさせたり、あげくに部屋のすみに なげつけたりする。
未熟な人間の身勝手さが見える時である。

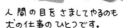

K　じりじりり

あかんぼうは 例外として 1日じゅう
おふとんの中にいることを 許されます。
しずかに ねむらせて あげましょう。

118

● 皮を とりかえる

ようやくおふとんから出た人間は、あわてて今まで
つけていた皮をぬぎ、新しい皮ととりかえます。

新しい皮の色や形は その人間の種類によって決
まっています。 特に サラリーマンという種類の
人間のつける せびろという皮は どくとくです。

おはよー！

夜は種類にかんけいなく
同じような皮をつける
↙   ↓

おとなのメスは 新しい皮に
とりかえると同時に、顔に色を
ぬったり、水や粉をつける。

● ごはんを食べる

人間はごはんが大好きで、しょっちゅう
ごはんを食べます。 しかし、大好きな
はずのごはんも、いつまでも おふとんの
中でぬくぬくとねばってしまうばかりに
時間切れとなって食べられないことも
あります。

● しごとに でかける

どの人間も たいがい決まった時間に しごとに出ます。
しごとに出るとき、決まった箱を身につけます。

L こども用しごと箱

こどもが ガッコウに持って行く
背中にはりつける

M おとな用しごと箱

おとなが カイシャに持って行く
前足に ひっかける

119

◀ 昼 ▶

おひさまが空にある間、人間はしごとをします。
しごとは それぞれの巣から離れた 別のむれで行います。

● カイシャ

(主に大きなオスが集まるむれ)
　メスもタタ少集まることもある

かたい口にむかって大声を出したり
紙に手紙や数字を書いたりする。

● ガッコウ （こどものしごとのむれ）

みんなで同じ形の箱を背中にはりつけて行
ガクモンをする。
ガッコウで学んだことは実際にはあまり役
たたないらしい。

● また ごはんを食べる

箱に入れたり小さくかためた
ごはんを食べます。

中に入っている
いろいろな道具

ガッコウに行くときに背中にはりつける箱は
カンガルーの おなかのふくろのようなもの。
こどものかわりに 道具を入れる

● カジ

巣をうまくやりくりするためのしごとで、巣の中で
行います。大きなメスがする場合が多い。

― 皮をきれいにする ―

おせんたくをしながら
ワイドショーを見る。

こどものガッコウのためにしごとをする
むれ。

誰が ボスになるかでもめることがある

← おしりなど くっつけていれば
そばにいることがわかって
とても安心。

外に出られない 大きなメスにとって、ワイドショー
は 大切な情報源。

― 巣をきれいにする ―

おそうじをしたら　おひるねをする

● ジュク

ガッコウと似たようなことを学ぶのだが、
背中に箱ははりつけない。
ガッコウとちがって実際に役立つことを
学ぶそうだ。だが、何に役立つかと
いうと、次のガッコウに行くのに役立つ
のだとか。　こんぐらがった話である。

Ｚ・Ｚ・Ｚ‥

ねむっている人間にくっついていると つぶされるキケン
があるので、なるべく 体の上によじ登るように
いたしましょう。

◀ 夜 ▶

夜ともなると、人間はいろいろなしごとを終えて巣に帰って来ます。
人間のしごとのつかれがふきとぶように、おっぱいなど
見せて、にぎにぎしく むかえてあげましょう。

おかえり
おかえりーっ

● おふろに入る

自分の舌で体の汚れをなめ
取れない人間は、あたたか
い湯で体を洗います。
メスは 特に顔をねんいり
に洗います。

あーっ
ごくらく
　　ごくらく!!

とても気持が良
まるで天国のよ
と言っている

● くつろぐ

ー 音と絵の出る箱などでくつろぐ ー

人間はこの箱がとても好きです。
しごとがなければ、昼もずっと見て
います。 夜行性の若いオスなどは、
朝まで見ていることもあります。

メスはときどき顔にこのような皮をつける。
すぐ むいてしまうのは なぜでしょう。

箱には
さらに このようなものを
つなぐ ばあいもある。

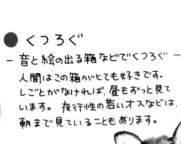

N におう水

● よりみちする

オスは ときどき カイシャの帰りに
におう水を飲みによりみちする。
ときどきは このにおう水で
正気を失う必要があるらしい。

めずらしくこういった場合は 自らすすんで
きちんと 名前をつける。

● またまた ごはんを食べる

朝も昼も食べたにもかかわらず
夜にも ごはんを食べます。

● ねむる

巣の中の きまったおふとんに入って
ねむります。

人間と遊んであげる

人間はもともとおとなしい動物ですので、ほうっておくと巣のなかにとじこもってどんよりとしてしまいます。精神的にも肉体的にも悪い影響を及ぼすどんよりを人間からなくしてやるのには、遊んでやるのが一番です。めんどくさがらずに どんどん遊んであげましょう。

基本の遊びと コツ

●お散歩

とりあえず歩かせるだけでも人間のどんよりは少なくなる。

ひもは ぴいんと♪

適切なペースで歩けるように、ひもをひっぱってやる。
毎日続けるのが大切。忘れているようなら さいそくを。

● あくしゅ

前足のまめをさわるという単純な遊びだが、人間はとてもよろこぶ。

おて！ おて
はい、 おかわり

たいていの場合は左右とも あくしゅしたがるので、快く応じてやろう。

●ボール なげ

ボールなどを投げて遊ばせる。

単調だが、人間の全身運動になるので気のすむまでつきあってやろう。

● かくれんぼ

木などに隠れた人間を見つける

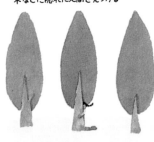

あえて鼻と耳は使用しないようにするとおもしろい。

やってみよう

● せっせっせ

せっせっせーの
よいよいよい

少し複雑だが、根気良く教えればすぐ
できる楽しい遊び。
(犬の学問参照)

気をつけよう 遊んであげないと こうなってしまう

● にらめっこ

相手が思わず鼻から水を出すような
面白い顔をする

きっちりと
相手を見る

鼻の平行移動
などは
とても効果的

口は
きりりと一文字に

あっぷっ
ぷう!

先に水が出たほうの負け。

こわい どんより

「どんよりは万病のもと」と、昔から言われるように、どんよりは大変こわいものです。

また、どんよりはしばしば犬にも伝染することがあるので気をつけましょう。

● どんよりな人間

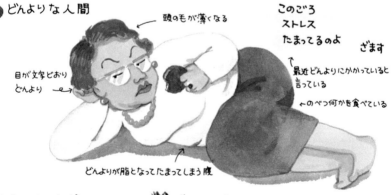

頭の毛が薄くなる

目が文字どおり
どんより

どんよりが脂となってたまってしまう腹

このごろ
ストレス
たまってるのよ

ざます

最近どんよりにかかっていると
言っている

のべつ何かを食べている

● どんよりな犬

お散歩?
ワイドショー
見てからね

考えとくわ

その他の症状

・ごろごろしている
・動作が鈍い
・いらいらしている
・うんちが出ない

人間犬 と 犬人間

私たち犬と人間はとても長い間共生してきました。そのおかげで肉体的にあきらかなちがいがあるにもかかわらず、精神的に あいのこになってしまった犬や人間が ひじょうに増えています。
かく言う私自身、立派な人間犬です。

◀ **人間犬** ▶

● だっこしていただくのが
　とても うれしい。

● かわいい と言われると
　むしょうにうれしい。

● あかんぼうなどに
　妙に ジェラシーを
　かんじてしまう。

んばぶ

● かなしくなると 目から水が
　こぼれてしまう。

● むぼうびにおなかを 上にしてねむってしまう。

● ねごとなど 言ってしまうこともある。　だっこ

● まくらなども 使える。

だっこよ

ね

じた
ばた

だっこ
して

● 自分は
　人間のおかあさんから生まれたと思っている。

おかーさん!

おかーさーん!!

◀ 犬・人間 ▶

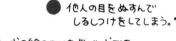

…てな
わけでサー

● 他人の目をぬすんで
しるしつけをしてしまう。

● 犬の絵のついた物や犬形を
かたっぱしから集めてしまう。

気がつくと他人に言えない悩みなどを
犬に話している。

● 遠くに出かけると、犬のことばかり
気になってしまう。

そう！そう！

ーしよし
ハーたん
ごちゃよー

● 犬を自分の子と言って
はばからない。

● イヌダスなどで
真剣に勉強してしまう。

おーよしよし、
やっぱり　うちの子が
いっちばん　かわいいわよォ
ねーえ！そうよ　ねーえ！

● すっかり親バカとなっている。　127

私は今年 8才になりました。
精神的には、もう人間の母と同じになります。
最近、私の家族は、しきりに私の健康を気づかいます。
たぶん彼らは自分たち人間より、私たち犬の寿命がみじかい
ということを知っているからでしょう。

私は 死をおそれたりはしていません。
でも、私のいなくなった後の家族のみんなのことを思うと、
なぜか ぐっと鼻の頭にこみあげるものがあります。

私は 子を持ってはいません。

けれど、たぶん、これが親心 というものなのでしょうね。

おまけ　犬の裏日常

こんにちは！
ポピーの姉、津田直美でございます。
前回『小さい犬の生活』にて、ポピーの裏生活をご覧に入れましたところ、大変好評につき、今回もポピーの素顔をほんの少しごらんいただこうと思います。

ポピーの好きなもの
もうこれはいうまでもなく「おいしいもの」につきます。
特に甘いものには目がありません。

● **好きなもの**

ムギチョコ

ボーロ

クッキー

ジャーキー

● **きらいなもの**

うめぼし

おさしみ

ほれっ
これ何だか
言ってみてっ

↑
大福の
かけら

はっ

はっ

あんっ
食欠。♡

よし
よお〜し
おりこうさん！

普段からポピーは犬として厳しい食生活を送っています。おいしいおやつをほんの一口いただくこともありますが、基本的にはカリカリご飯のみをいただきます。

いわゆる粗食の目的は、健康管理のしやすさにつきますが、平素よりの平坦な味覚に甘んじて耐えることの最大のメリットは、それ以外のものが特においしく感じるという点にあります。
これは普段から食通の方にはない喜びで、実際、ただの白いご飯におかかをまぶしただけのいわゆる猫まんまでさえ、ポピーにとってはこの上ないごちそうです。

いつも きれいさっぱり！
ひとつぶの こらず いただきます

お誕生日や記念日など、そしてよい子だったご褒美にいただくちょっとしたおやつがとてもおいしくいただけることは、犬にとってとても幸せなことですが、時折それがあまりにもおいしすぎて、思いがけないことになってしまうこともあります。

牛乳もポピーにはおいしすぎる飲み物。

おいしすぎて、つい自分のおなかの大きさを忘れてしまいます。いつものご飯だったら腹八分目をきちんと守れるポピーですが、牛乳にはつい理性を失ってしまい、おなかいっぱいどころか、鼻からあふれて動けなくなるまで詰め込んでしまいます。

この場合、その後15分ほどはこのまま「けぷけぷ犬」として、じっとしています。

・ひきつけ犬

編集の横田さんに持ってきていただいた Michel Chaudun の石畳
チョコ。
あまりのおいしさに引きつけを起こしてしまいました。
もう一ついただくまで引きつけは治まりませんでした。

本書は『小さい 犬の生活』（中公文庫 1999 年 11 月刊、『犬の生活』『犬の学問』収録）と『小さい 犬の日常』（同 2000 年 11 月刊、『犬の日常』『人の生活』収録）を合冊したものです（「犬の裏生活」「犬の裏日常」は中公文庫版のための描き下ろし）。

上記文庫の親本『犬の日常』（92 年 12 月刊）、『犬の学問』（93 年 10 月刊）、『犬の日常』（95 年 3 月刊）、『人の生活』（96 年 8 月刊）は、いずれも河合楽器製作所出版事業部から刊行されました。

本文中の情報はすべて親本刊行当時のものです。

津田直美

1960年東京生まれ。東京芸術大学美術学部デザイン科卒。ヨークシャーテリアのポピーの暮らしを描いた『犬の生活』シリーズが好評を博す。『セーターになりたかった毛糸玉』『正しいひまわりの育て方』『東京むかしばなし』『私の動物図鑑』『私の雑貨図鑑』『ドラゴンたいじ』『暮らしのスケッチブック』、「とっておきの日曜日」シリーズ、「ミャーロックホームズ」シリーズなど多数の著書がある。最新刊はポピーの転生を描いた『パンツ理論』（カワイ出版）。

小さい 犬の生活〈大全〉

2021年5月25日　初版発行

著　者　津田直美

発行者　松田陽三

発行所　中央公論新社
〒100-8152　東京都千代田区大手町1-7-1
電話　販売 03-5299-1730　編集 03-5299-1740
URL http://www.chuko.co.jp/

DTP　ハンズ・ミケ
印　刷　大日本印刷
製　本　小泉製本

©2021 Naomi TSUDA
Published by CHUOKORON-SHINSHA, INC.
Printed in Japan　ISBN978-4-12-005429-7 C0076